U0660120

你只需努力
剩下的
交给时光

盒饭君 —— 著

台海出版社

图书在版编目（CIP）数据

你只需努力，剩下的交给时光/盒饭君著. —北京：
台海出版社，2015.7（2015.12重印）
ISBN 978-7-5168-0653-1

Ⅰ. ①你… Ⅱ. ①盒… Ⅲ. ①成功心理—通俗读物
Ⅳ. ①B848.4-49

中国版本图书馆CIP数据核字（2015）第159207号

你只需努力，剩下的交给时光

著　　者：盒饭君	
责任编辑：姚红梅	装帧设计：浪　殿
版式设计：刘　伟	责任印制：蔡　旭

出版发行：台海出版社

地　　址：北京市朝阳区劲松南路1号，　邮政编码：　100021

电　　话：010－64041652（发行，邮购）

传　　真：010－84045799（总编室）

网　　址：www.taimeng.org.cn/thcbs/default.htm

E-mail：thcbs@126.com

经　　销：全国各地新华书店

印　　刷：北京彩虹伟业印刷有限公司

本书如有破损、缺页、装订错误，请与本社联系调换

开　本：150×210	1/32
字　数：165千字	印　张：10
版　次：2015年9月第1版	印　次：2015年12月第2次印刷
书　号：ISBN 978-7-5168-0653-1	
定　价：36.00元	

版权所有　翻印必究

如果你真正热爱一样东西，

不是一开始就要奔着一个目的一个结果而去，

只有你默默地坚持，不计后果的追求，

才会迎来梦想绽放的时刻。

只是单纯地羡慕别人的人生，

你永远过不成自己想要的样子。

不是现实支撑了梦想，

而是梦想支撑了你的现实。

前　言

如果累了就听首励志歌吧

一

朋友听说我在写关于成长的故事，意味深长地说：哎哟，你也要做暖男了啊！

我想说：去你的！这又不是什么见不得人的事。

二

最近两年，好像没有比励志书更遭人

歧视的书了，但市场上却仍有很多励志书和伪励志书，比如人物传记、名人随笔、小说散文，甚至宗教哲学。

繁杂的社会，快节奏的时代，大家都在拼命地赶路。不断上涨的房价、物价以及不断贬值的货币，让我们越来越辛苦。挣的钱越来越不值钱，我们感到的是压力山大、冷漠、情绪化，继而对这个世界充满愤怒。我们很孤独，只有在夜深人静时，短暂地逃离了忙碌的生活，自己一个人，哪怕是片刻地面对自己内心，才能清晰地看到内心里面真实的自己。

十七八岁到二十多岁的年纪，年龄在成长，心里却总是哼着"我不想，我不想长大"的歌词。我们80后、90后作为特别的一代人，面对着网络带来的庞杂信息，被近在咫尺又远在天涯的距离隔开，我们习惯了躲在网络背后生活。朋友聚在一起，都要玩手机、刷微博微信，和网络另一端的人交流，而忽略了眼前的朋友。狂欢，也不过是一群人的孤单罢了。

我们需要温暖。我们需要在独处时有个朋友能抵达我们的内心，知道我们的喜怒哀乐。曾经我们看刘墉、亦舒、张小娴、林清玄，觉得温暖治愈，觉得励志打鸡血，现在却突然好像看不起励志文章，把它们叫作豆瓣文或心灵鸡汤。有人说，励志文千篇一律，有人说励志文没内涵，还有段子说女孩给《读者》的主编彭长城写信，说为何我按照《读者》里说的去做，可生活中还是处处碰壁。

作家阿兰·德波顿主编的《哲学家邮报》（the Philosophers' Mail）发了篇文章——《为什么你不能承认自己在看励志书？》。

以前可不是这样。在西方两千年的历史里，励志书一直屹立在文学成就的顶端。他们擅长接受那些理念，并用于实践。伊壁鸠鲁差不多写了三百本励志书，主题涵盖方方面面，包括爱、正义以及人类生活的方方面面。斯多葛派哲学家塞涅卡也写了不少励志书，以此建议罗马同胞们怎样处理愤怒，怎样处理孩子的死亡，怎样处理政治与财务上的耻辱感。帝国瓦解经济崩溃的大环境里，马可·奥勒留的《沉思录》被誉为了历史上最温暖人心的励志作品。

历来宗教的传道、哲学的醒世，无不是以励志的形式给人以忠告。国外的励志作家们，不仅是写出对困境中的我们有益的话，或者给出实用的建议，而且更微妙地把那种群体性的孤独与迷茫重组成公共性话语。我们不再是孤单的个体，原来我和你、和很多人，没有什么不同。

<h1 style="text-align:center">三</h1>

说说这本书《你只需努力，剩下的交给时光》。

有人说，处女作可能是一个作家最粗鄙但也是最好的作品了。这是我的第一部作品，想在这篇前言里说的东西很多，也想过找几个作家朋友或者影视编剧朋友来装模作样地写点话吹捧吹捧，但想想这篇文字还得由自己来写。没有人比我更了解我想说什么。

每年下来，我都会读不少书。有时候是应邀给人写书评，有时候是出于爱好，但总能在很多的书里看到励志成长的影子。我在想，其实并非只有那些标榜着励志、畅销的书在励志，而是这个信息大爆炸的时代，需要我们好好地坚持下去，过好自己的一生。

作为处女作，首先要说的是感谢。感谢我已经离世的母亲和年迈的父亲，感谢照顾我的家人，是他们给了我最初的梦想：要想过得更好，你就要离开乡下，走进城市，走进更大的世界。还要感谢身边的朋友，他们的成长和被他们促成的我的成长，是这本书最大的灵感来源。他们给了我这些故事最原本的样子。还要感谢我的编辑，她是个美丽的姑娘，总把自己伪装成90后的模样，开心快乐就是她追求的生活，而且她在这条目标的路上走得很好，不信你看她的支付宝对账单。哈哈。

再就是要致歉，处女作肯定有着很多不完美之处。我想坚持到底，也希望你们能够看见一个新人带着梦想和你们一起成长。能够感动、触动到你，哪怕一点点，那是我的荣幸。如今，有梦想真的很容易。不信，你看看，这时代说梦想的还少吗？大家都在说梦想，都被说得烂大街了。梦想很关键，但又不那么关键，关键的是坚持。有人说他的梦想在落地和现实接触时，被碰撞得粉碎。其实没有被粉碎的梦想，只有在实现、已经实现或者放弃的梦想。能把你期望达到的目标坚持个十年、二十年，那自然会是一个奇迹。

你需要做的是努力，然后享受实现梦想的过程，剩下的都交给时间吧。

多年前，我还在读初中。那时候，爱上了看书，爱上了写文，爱上了那个叫"作家"的虚幻得永远不能实现的梦想。一路上，自己被打击过很多，高中老师说我写的诗哪是诗，大学老师说我的文字太网络化，可自己还是一直坚持在写。最后发表了很多文章，拿了很多奖项，以为这样就可以向高中和大学老师昂着头说，你们看，你们对我的评价错了。其实到最后才发现，我坚持了那么久，不过是又回到了多年前还是个十二三岁少年的我，做着作家梦。我坚持的，不过是写出了自己所渴望的一条路。

处女作，这也许是我最粗鄙的一部作品，也可能是被人嫌弃的励志书。但我想说，我怀着最大的真诚，在向你们讲述那些人的那些事，以及那些曾经的拼命追逐。不信，你看我每天白天做着杂志编辑的工作，晚上写稿子到凌晨一两点，每个月发完工资就被万恶的 ATM 吞掉还了房贷，可我还是在坚持。

别说你苦，别说你的梦想遥遥无期，这世界上比你苦的人多了去了，比你优秀的人也多了去了，可他们都在坚持为自己的目标战斗。

四

前段时间的某个晚上，我抱着狗蜷缩在沙发上，看电影《逆光飞翔》。

看到裕翔因为小小的自尊，怕被人因为同情自己是盲人而给了同情分，抹杀了他的能力，他拒绝参加任何比赛。他局促地找着和这个世界相处的方式。他孤独。他喜欢一个女孩，他激励着自己心爱的女孩去追求她的梦想。而他自己一个人在社团教室里，行云流水地弹着钢琴，所有人都静默了，在那一刻他们是他最忠实的观众。

看到此处，我哭得唏哩哗啦。

不得不说，这是一部很温暖人心的励志电影，看得让人感动。电影里有句台词是这样说的：有梦想，就应该去做啊，你不去做怎么能知道自己能做到什么程度？

有天早上去上班，和庞大的人群拥挤在轻轨三号线上。

轻轨上的移动电视放着杨培安的《我相信》，听得我热血沸腾。那歌词，那节奏，那歌声里的力量，分明就是我们需要的正能量。

想飞上天和太阳肩并肩 / 世界等着我去改变 / 想做的梦从不怕别人看见 / 在这里我都能实现

大声欢笑让你我肩并肩 / 何处不能欢乐无限 / 抛开烦恼勇敢的大步向前 / 我就站在舞台中间

我相信我就是我 / 我相信明天 / 我相信青春没有地平线 / 在日落的海边 / 在热闹的大街 / 都是我心中最美的乐园

我相信自由自在 / 我相信希望 / 我相信伸手就能碰到天 / 有你在我身边 / 让生活更新鲜 / 每一刻都精采万分 / I do believe

我想说，其实励志电影、励志歌和励志书，没有什么不同。就像你、我、他也没什么不同一样。我们都遇到过成长的困境，我们都在找寻和这个世界相处的方式。或许别人找到了一条我们忽略的路，何不借鉴他们处理问题的方式。

不管励志书还是电影、音乐，都是能在夜深人静时给我们一点点向前动力的东西。如果你觉得励志书粗鄙，真觉得励志书和励志歌那喊口号般的歌词和伪装成小清新的励志电影有什么不同，当你累了的时候，那不妨去听听歌或者看看电影吧。

但一定要记得，要有梦想并坚持向前。

目　录

part1　你不努力，有什么资格谈未来

part2 每个人都有一段痛苦难捱的时光

part3 你能成为你想成为的人

part4　只要奋斗不息，人生终将辉煌

我身上有彩虹，但天上没有，

其实也可以这样想，

天上没有彩虹，我身上有。

每一天的努力，

是为了让远方更近一些。

坚持下来，

时间会给你最好的答案。

梦想是长在你内心里属于自己的东西，

没有人可以嘲讽你的梦想，只要你还相信。

在人生路上，不要怀疑生活欺骗了你，

你的生活，从来都是自己走出来的。

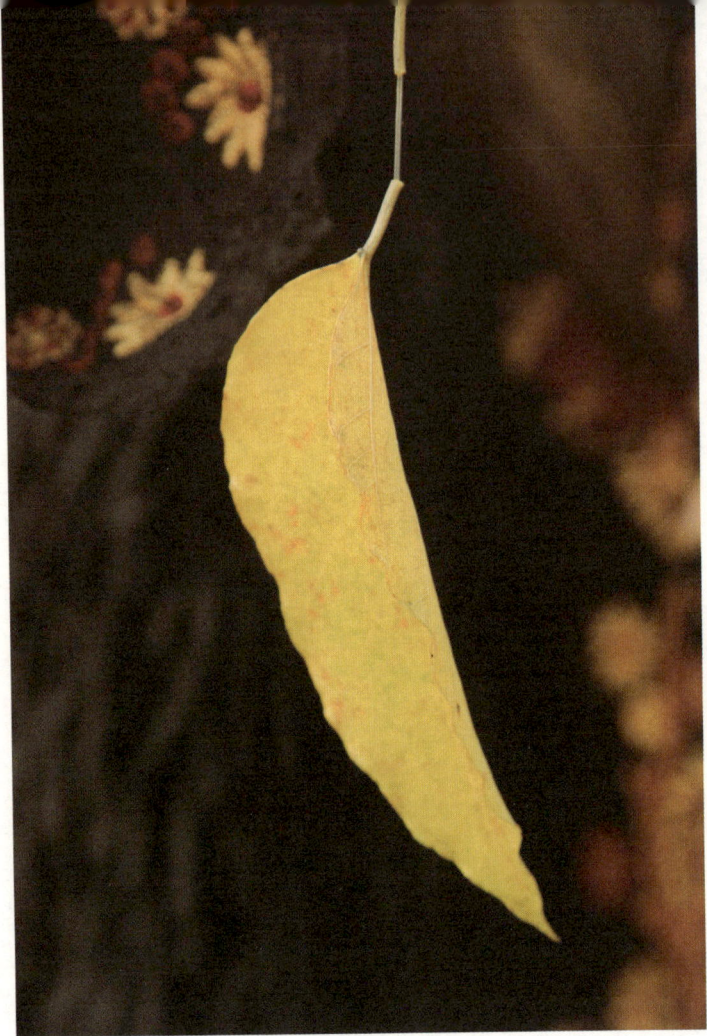

别说以后，

你的人生不是从以后开始，

而是从现在已经开始了。

part1

你不对自己狠一点，真的只能沦落为炮灰。人生啊，只要你对未来还有所期望，还年轻，还能折腾，就要努力一把，拼命的时候一定不要对自己手下留情。你只有努力，才配得上更好的生活。

像为了爱情一样去战斗

一

本来想用个更俗气的名字去写 Q 的故事，比如什么"比你优秀的人，比你还拼命"之类的。但最后我还是想到了爱情。Q 的真名特别像个女孩，名溪清，多清秀的名字，看着就像是有爱情故事发生的样子。所以以"清"为称，给了他 Q 这名字。

为了爱情战斗的那种感觉，我想我们都体会过。

当我们真正爱一个人的时候，不会管他 / 她的身份、出身、家庭等，只有到婚姻的层面，我们才会瞻前顾后。为了爱情，我们做过很多傻事情：比如彻夜不睡，只为了在日记里记下在课堂上看到的她侧脸的表情；努力学习，就为了能够和偷偷暗恋的学长考入同所大学；节衣缩食地存钱，为了能在她生日或者情人节的时候，给她一份意想不到的惊喜……

但是，面对理想的时候，我们好像却少了那样的勇气。我们的顾虑比爱一个人还要多。爱情和理想，前者我们可以为它赴汤蹈火，而对于后者却是羞于谈起，总觉得是种羞耻的样子。

人活一辈子，你总得有点儿追求，为它赴汤蹈火，你会感受到热血上脑的快感。

二

Q 是我身边不多的富二代之一。

这样介绍他是最妥当的开始。他爸爸是某出版社社长，家里非常有钱，几套房子自是不必说。吃穿住用样样不缺。他很爱玩游戏，不过从来不痴迷。

我们在一家房地产方面的网络公司相识。我做网站后台的记者，他是销售。我常常帮他们组的销售客户写软新闻，也因此结下了友谊。

来这上班之前，他和一个学妹相恋了。他不是那种典型的花心富二代，很喜欢学妹，每次学妹喜欢什么，他不仅是要花钱，还要花心思，把一个简单的礼物送得刻骨铭心。从来都是用"屌丝"的姿态去行着富二代的爱情。

不过因为大学毕业，这样那样的问题接踵而至，他们终究还是分开了。

Q是个特别有骨气的男孩。拒绝了爸爸开出的丰厚条件，让他回去做出版工作，给他开高薪，如果他愿意后面还可以培养他接任出版社高层的工作。

和学妹分开之后，他选择留在重庆工作。他特别地有拼劲。

刚进社会，迫切地希望自己能够独立，不想再靠着父母。也希望能够凭借自己的双手去挣到足够的钱，让自己生活得更好，能够用尽全力地去爱一个人。

进入网络公司，一是觉得网络是现在的行业大趋势，再就是觉得做销售能够较快地带来较多的收入。有足够的收入，足够的钱，他就能够摆脱爸爸的羽翼，不想永远被家人庇护着生活。

按照惯常的成功学思路，他该是一股脑地拼命，最后靠着自己的能力取得了老板的认可，从此高收入，走上人生巅峰，赢娶白富美，就等着出任 CEO 了。可现实从来没有那么遂人心意。这家外面名声很好的美国上市网络公司有多坑爹，完全是行外人的评价，业内人士几乎就把他们当作笑柄。别人公司中秋节，发一盒月饼啥的，这公司不是员工从来没见过的北京 CEO 发封邮件表示祝贺，就是给大家发一个咸鸭蛋或者一块小得不能再小的月饼。是的，别人发一盒，在这里只发一块。

显然在这样抠门的大公司里面，要想励志一把，努力换取高收入也真是不容易的。不管你有多大的梦想，在这里你都注定了要碰壁。没办法，有时候残酷，才更像是现实的模样。

三

不过庆幸的是，Q 在这家公司不仅和我成为了朋友，我们还和一群年轻的男孩女孩，成为了午间吃饭、一起吐槽公司的小分队。

我们后台的主编，永远不干事儿，上班时间浏览着《男人装》的网站，看着性感美女，不时还会站起身来，四下扫射看谁在闲聊，没有好好工作。自己从来都没有想要以身作则。他扮演的角色更像是古代拿着皮鞭狠狠抽打那些苦力，让修长城或者古墓的工人生不如死的监工。

所以，我们对网站部的主编也是情绪犹如三国杀里的"万箭齐发"，你躲都躲不过。但这种共同的愤慨，让我们这群男孩女孩显得异常地团结。工作两年的 Q 喜欢上了同公司的女孩 Y。那种喜欢含蓄而又内敛，Q 真是完全和网络上我们看到的富二代截然相反。

他喜欢这个女孩，也是默默地一直对她好，一直都是约上大家一起吃饭，一起看电影。可到最后才发现是表错情、会错意，女孩本身是有男朋友的，而且都快到了谈婚论嫁的地步。爱情上的一再受挫，让其他的富二代们知道了，可能早把他开除在这群体之外了。

女孩Y结婚前，婉拒了Q。希望他能帮忙托管她的宠物。因为可能要生孩子，不能在家里养宠物。最后Q拒绝了，也在女孩结婚前不久，选择了离开重庆，去了北京。

去北京之前，他跟我说，他一直想通过销售这样的工作挣足够多的钱，然后靠着自己的钱去好好生活。能够花自己的钱去爱自己心爱的女孩。能够让家人觉得自己是有能力做自己的事情，并且能够做得很好。他从小就被爸爸拉着一起校对书稿，看得他早对出版那个行业厌倦透顶了，根本不想去做什么出版世家的接班人。

他对金钱也没有那么多的渴望。只是爸爸辛苦了一辈子，早些年出版业还处在上升阶段，挣了不少钱，给整个家庭带来了很大的改变。所以，他想自己能够挣到足够多的钱，才不会让家里人特别反对自己在外面闯荡，所以钱成为他毕业之后第一个考虑的事情。用了两年的时间，去和自己并不那么渴望的金钱做战斗，并没有得到很好的结果，而喜欢上的女孩也要嫁做人妇了。他有种幻灭的感觉。

他说，他一直希望能够去涉足游戏这个领域。想做游戏开发，就算开发不了，至少也要做和游戏相关的工作。小时候，玩游戏家里面虽然没有特别地管他，但终还是觉得那是不务正业的行当，或者说根本不能称其为行当。

他打算离开重庆，去北京那座被誉为有更多机会和挑战的城市寻求自己的游戏之路。

四

北京是个残酷的城市，有人说它属于理想，也有人说它的存在是在幻灭理想。

Q刚到北京时，因为之前两年的时间里，他都在做着互联网相关的工作，来北京想先找个工作维持着生计，所以首选再次进入了互联网行业，仍然做着网站的销售工作。每天在繁忙的城市里，和不计其数的人在地铁里拥堵。收入特别低，而且他遇到了特别挑剔的领导。你不能想象，一个压力极大的环境里，而且收入不那么高，只能勉强度日，还要整天面对一个挑剔的领导，他压力有多大。

那段时间，他几乎天天在 QQ 上跟我吐槽。

他在重庆做网站时，私下就花了很多时间研究游戏开发的工作。他想，现在这份工作还能撑下去，苦逼是苦逼了点儿，但想凭借着自己之前的自学开发一个 3D 的小游戏，不用做多少的设定，但做出来之后，他相信那会是他进击游戏领域的敲门砖。然后他做了一个设定的草案给我，让我帮他写一篇短篇小说，他要以那篇短篇小说作为文本，去设置一些游戏的细节。

我以不擅长写热血武侠的内容给他打了个预防针，写了篇不能称其为武侠小说的小说，交给了他。后来好长一段时间，他都消失在 QQ 上了。我知道他肯定捣鼓他的游戏去了。

没想到过了两个月后，他突然在 QQ 上跟我说，他把游戏渲染出来几分钟，只是没有办法给我看，于是只是截图了一些图片给我。我说，行啊你小子。然后他突然说，在他处境艰难的时候，和曾经在大学时分开的学妹联系上了。她也在北京。

你知道吗？人在特别艰难的时候，最渴望的事情不是能够轻易成功，而是爱情。两个小青年，就这样在分别多年之后，绕了个大圈子，再次走到了一起。

他对女孩说，他现在特别苦逼，特别穷，根本没办法给她好的生活。但他有着一腔热血，想要做游戏这个行业。自己也琢磨出了些许名堂。女孩没有说什么，只是抱着他。那段时间，女孩的工作也并不顺利。

他们俩在一起了。而经过几个月渲染的游戏片段，果然成为了他的敲门砖。他进入了一家公司做游戏营销，性质还是偏向媒介方面的工作。毕竟他之前就是做网站的，可以通过网站的经历去和一些网络的、平面的媒体搭建关系，推广一些游戏项目。至于他在游戏开发这方面，领导就"呵呵"了。说看重的是他那份热情，就算不懂，因为热爱，却还是要拼命去尝试的劲儿。领导说，很多真正做游戏开发的，在技术层面早就开始学动手了，要个个都到大学毕业之后，靠着一点儿兴趣自学摸索的话，这行业可能早就垮了。不过 Q 对游戏行业的追求和热情，就像他当年为学妹挑选礼物一样，成就了他的爱情和事业。

五

后来，Q 在网上还和我聊起了 Y。问 Y 最近过得怎么样。

我说 Y 的孩子都已经出生了。他讶异地说，呀，真的啊。离开重庆之后，他都不敢去关注 Y 的所有动向。还好，自己在他乡遇到了曾经的旧爱。

后来他说，他做了游戏营销部门的总监，收入还不错。还鼓动我跟着他去北京混，他说我对文案的把握肯定能够做到比他收入还高，月入上万不是梦。

我也只是笑笑。他有他的爱情和他的游戏梦，可以执着地让他摆脱爸爸的羽翼。我也有我自己的梦想。其实最初我知道他的富二代身份的时候，多少是有些羡慕的，觉得他的出身，就让他走了很大的捷径，比大多数人都有更好的机会去走向更好的平台，只是他不愿意去接爸爸的班。他对自己的生活有着自己的构想，喜欢什么，便要为了那种喜欢去拼命，就像爱一个女孩一样。

　　起初对 Q 家庭环境的羡慕，到最后却变成了一种对他的膜拜。丝毫不夸张，真是膜拜。

　　他曾经为了学妹喜欢吃的一家糖炒板栗，很晚了，打车到另外一个区的那家板栗店，在别人打烊之前买到了最后一点儿板栗，打车给女孩送去板栗之后，还被宿管老师关在了寝室楼外。

　　而那种脱离爸爸羽翼的执着，让他花了两年的时间，想要靠着自己能力挣钱，最后两年下来除了吐槽不完的苦逼之外，并没有给他带去多少物质上的改变。但他仍然为了最初的选择去努力奋斗。

　　在我给他写了游戏设定文案之后，他像中学少年爱上一个女孩一样，每天白天工作，累死累活，面对挑剔的领导，晚上还要熬夜搭建他的游戏，渲染 3D 效果……那段时间他收入非常低，刚和女友重逢都没有足够的金钱来让他像大学时那样潇洒地去对女朋友。每天没日没夜地做游戏，到最后他都没有怀疑自己会做得很烂，心里面想的只是一种热爱。觉得自己做好了，可以借着这个机会进入自己喜欢的行业。

他一直觉得做了自己喜欢的东西，爱了喜欢的女孩，就能把事业、生活经营得更好，经营得更好之后，他才能真正地摆脱爸爸的要求过自己想要的生活，并且过得更快乐更好。事实上，他做到了。

不能控制体重，何以控制人生

一

这个故事是以爱情作为开始。

文文是个男孩，家人对文化存有敬仰之心，便给他起了这个名字。生活在北方的一座城市，他生来就特别能吃，从小就以惊人的饭量让全家人刮目相看。他也因此长得特别壮，在青少年时期，身体的发育和对能量的摄取，让他不仅壮，还有那么一些胖。

一不留神，他就长到了两百来斤，由于个头高，胖是胖，整体看上去也还算匀称。有个崇敬文化的名字，却是个热爱篮球的主儿，胖也还算灵活。

因为他特能吃也特别能做事，家里亲戚不管谁家有个事，都会叫他帮忙，尤其是力气活。小小年纪就像大男孩一样，特别有责任感，认准一个事，就会全心全意地去做，不管多么辛苦。

在他读中学的时候，就像是青春的默契一样，如期地喜欢上一个女孩。女孩不算特别漂亮，但却足以让他神魂颠倒，把她当作女神看待。

文文家庭还算富足，身上也从来没缺过钱，可那个年纪的我们，都不那么懂得如何表达爱意，似乎恨不得把自己拥有的所有东西都给对方，那就是爱了。她爱吃什么，不管多远，他都会跑去给她买。他陪她上学下学，不管多晚，都要把她送到家附近，然后再拼命地骑着小摩托奔回城市另一端自己的家里。

想必你看过风靡网络的那个童话：小兔子、小老虎的故事。

小白兔有家糖果铺，小老虎有个冰淇淋机。兔妈妈告诉小白兔，如果你喜欢一个人，就给他一颗糖果。小白兔喜欢上了小老虎，那么那么喜欢，忍不住就把整个店子都给了他。小白兔把糖果铺都给了小老虎，可小老虎却连一根冰淇淋也没有给小兔子吃。兔妈妈问小白兔，小老虎喜欢你吗？小白兔直点头。可面对兔妈妈的疑问——为什么没吃到冰淇淋，小白兔只是不知所以地说：当时就想着把糖给他了。

文文就像那个童话里的小白兔。

他心目中的女神，对于他的好，似乎并不太买账。所有的好都照单接受，可却没有想过要给他一个冰淇淋吃。文文却把女孩的照单全收以及不付出，当作是一种对自己的考验，只是他不知道这份考验要到什么时候才会公布正确答案。这样一拖便是几年，直到他们进了同座城市不同的大学。他还是一如既往地付出。他开始思考，是不是自己太胖了的缘故。从那个时候开始想着减肥。

文文是个细心的男孩。北方的冬天，干燥而寒冷，虽然家里有暖气，可出门风一吹还是会冷得人哆嗦。"你应该多喝点儿水。"他嘱咐着女孩。而那个寒假的冬天，他在家里，叫着妈妈一起，买了柚子，一点儿一点儿地削出薄薄的皮，一点点儿地剥出果肉，耗费了漫长的时间，母子俩一起熬制了一罐蜂蜜柚子茶——他要送给她。

爱到深处，连妈妈也派上了。

他带着蜂蜜柚子茶，大清早就骑着小摩托来到女孩家楼下，一路上寒风像刀一样割着他的脸。到了之后，女孩并没表现出意外的惊喜。为了减肥，也为了能多见到女孩，他自那之后，每天大清早便拿着球拍跑到女孩家附近的球场叫她一起打球，是的，从城市的一边走到另一边，然后打完球还要赶紧回去洗澡。

男孩不知道坚持了多少年，面对了女孩多少年的冷遇。终于，在男孩减肥成功之前，那份坚持了多年的感情或者说坚持了多年的伤害，结束了。女孩说，你太胖了，我不喜欢。男孩在朋友眼里一直就是个"灵活的死胖子"，而如今正是他的体重影响了追求了几年的感情。

二

胖子不配拥有爱情？这问题大概每个胖男孩、胖女孩都曾经在心里无数次地拷问过自己。文文告别那段感情之后，想了很多，一方面觉得自己太蠢，应该和过去告别，另一方面觉得自己要制定减肥计划。

他比一般北方男孩都显得更壮。这两百多斤的体重要怎么才能减下来？谁都不知道，他自己也不知道。他决定要每天只吃一顿饭，中午吃素菜配白米饭，下午去打篮球，而晚上撑得住便什么也不吃，撑不住便吃一个苹果或者其他水果。

这计划便是一个漫长的开始。

迈出第一步便是艰难的。他中午跑到食堂吃了一份土豆丝和白米饭。下午和朋友去打篮球，傍晚时朋友们叫他去吃晚饭，他说不去。第二天，第三天，当听到朋友叫他吃饭，他说不去，要减肥，朋友们去吃饭了，他爬上床睡下，用睡眠来抵挡无限的饥饿感。

他一个人躺在床上，饿得难受，很想去吃东西，想着想着，无限的心酸涌上心头，眼泪哗啦啦地顺着这高大男孩的脸颊流了下来。饿得难受啊！但他知道自己不能吃东西。任何一次打破规矩，都会让自己计划失败。

甚至有一次，他疯狂到连续三天没有吃饭。那三天里，每次都是靠睡觉和饥饿抵抗。到最后他跑步时快晕倒在地上，终于觉得这样的减肥方式太不科学。第三天之后的那个晚上，他终于还是吃饭了。可接下来计划并没有打乱。

如此三个月下来，每天吃一顿饭，晚上只吃一个水果，他从两百斤顺利地减到了一百五十斤左右。他的身高、一百五十斤的体重，终于变得匀称起来。三个月也养成了每天都要打篮球的习惯，没有篮球不能活。运动加节食，成功地让他瘦身，人也变得好看了许多。

或许正是这样的坚持锻炼了他的毅力。一个人能够如此有毅力、有目标地坚持做一件事，以后其他的事几乎没有什么不能达到的了，他的减肥也像是一次对艰难的挑战。人的一生会遇到很多类似的艰难，就像你永远也想不到你会在三个月的时间里瘦下来五十多斤的体重一样，你也多次觉得自己好像陷入了人生的窘境，好像自己迈不过去了，可当你敢于去面对，你终于还是会迈过去的。

文文瘦身之后的那个冬天，邂逅了一个女孩。女孩长得漂漂亮亮，也很体贴他。他全心全意地对她，她也给他织了人生中第一次收到的女孩送的围巾。

网上常常都能看到各种各样减肥的案例，我们能看到别人惊人的蜕变，却并不是每个人都能有清晰的目标并坚持和苦难斗争，能够忍得了那过程中捂着被子哭泣的苦痛。那种蜕变不仅仅是体重的，更是一种精神状态，减掉的是体重，展开的却是无限宽广的未来，有了那样的目标和抗争，还有什么不能做到的呢？

之前在看一本延参法师的书时，看到一个段子，觉得特别有意思：小徒弟问我，能不能给讲一个故事。我说好呀，有一只小螃蟹，爬行在沙滩上，感觉到后背疼痛，才知道自己要脱壳了，一声感叹，原来长大还要经历如此的阵痛，才能看到一个崭新的自己。真的不要像有些动物，只知道潜水，却害怕长大，说谁谁清楚，生命就是这样的。

人长大就是渐渐有了担当，知道自己的目标，知道问题，然后直面各种苦难，经历小螃蟹脱壳的疼痛，才能完成蜕变。或许你没有文文那样的问题，因为体重，那二三十公斤的肉横在你和女神之间，但在你想要达到的目标和现在的境遇之间，或许也横亘着苦难万千，迈得过去，整个世界都可能给你一个阳光灿烂的答案。

三

还是减肥的问题。有个认识的女孩，姑且叫她微胖女孩吧。

微胖女孩也羡慕身边那些瘦成一道闪电的姑娘。她经受不住别人的引诱，去健身房办理了健身卡，千元的健身卡揣在了身上，刚开始还信心十足，可去过几次之后就被惰性缠身，再也不想去了。偶尔想起来了，又去那么一两次，再到最后觉得自己对不起那几个钱之后，索性把健身卡挂到了58同城上，卖出去之后也不觉得有什么不妥了。

后来微胖姑娘还买了很多健身器材，瑜伽垫、跳绳、瑜伽球……没有一样东西是让她坚持了多久的。男朋友督促着她跑步，她要男友陪跑，跑过几次之后，她又觉得男友不跑，她便也不跑了。总能找到一个借口来为自己的懒惰或者逃避苦难找理由。

她健身的状态，像极了她那段时间的工作和生活状态。家里面一团糟，东西堆得像个难民营，根本不愿意收拾，工作也是一个接一个地换，总是有着这样那样的不满意。人生的发展与前行，不都只是靠着梦想，还有目标。目标这玩意儿，你可能有千百个，好像各不相关，可它们却实实在在地缠绕在一起，每一个目标、每一个梦想都发自内心深处。目标可以不同，但它们都有同样的起点。

健身也好，减肥也好，或者感情也罢，它们都是生活的一个组成部分、一个环节，任何环节都是人生这个整体的缩影。

体重减下来了，身体素质更强了，精神状态更好了，感情自然也就顺利了，感情顺利之后心情好，事业、人生诸多方面也都好了。这就像是一个蝴蝶效应，一环接着一环，拼凑出了一个更完整的人生。至于扇出的是北美洲的飓风，还是一个更好的自己，那不是一个"to be or not to be（生存还是死亡）"的二元选择，而是有没有目标、有没有一个积极的状态去坚持去面对的问题。

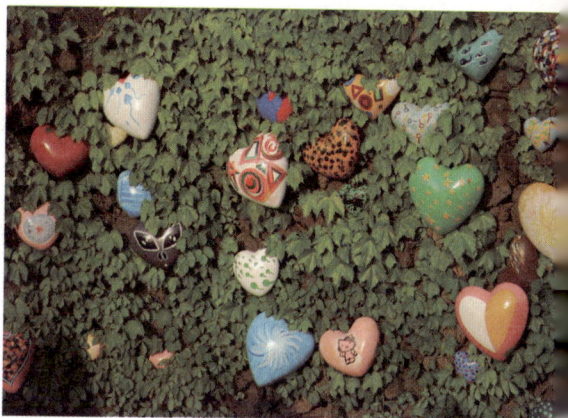

　　如果，你能控制好你的体重，我想也许你就能控制你的精神状态、你的感情、你的事业以及你的人生。

人生有很多事徒劳无功，但依然要经历

一

九把刀在一篇叫《最美的徒劳无功》文章里讲了一段少年时的爱情故事。

故事里，少年时他还叫柯景腾。他喜欢上了坐在他后桌的女孩。女孩常常在背后很用力捏他，捏得他叫苦不迭。他一边骂她"你神经病啊"，一边在那种痛苦中藏起了一份快乐。他也不是省油的灯，常常在她擦黑板的时候在她身后拉扯她的马尾辫。她气得跺脚，大喊"我要告诉老师，我要告诉老师"。可她从来也没有告诉过老师。她把他的书包从五楼上丢下去，或者甩得他的书满地都是，或者把没有喝的牛奶放在书包里爆裂开来。而他也常常惹她生气。而那些相互的折磨，却是那个年纪里畸形的快乐。

他们相互保存着那份记忆，他爱她，其实她也爱他。可他们都没有说破。他曾经在惹她生气时，用画漫画哄她，说他以后要当漫画家，还信誓旦旦地在漫画下签名，说以后可以增值。她送他礼物，她保存着他的漫画。后来她去了国外念书。他也没有成为漫画家，渐渐开始写书，开始成名，还拍了电影。那份美好的感情，被放在了心底。他们各自保存着那份属于自己的美好回忆。

九把刀把那种美好的开始和无疾而终的结局叫作"最美的徒劳无功"。徒劳无功，是因为他们最终没有走到一起，曾经的努力和信誓旦旦都成为了记忆。而最美的，就是那些有关爱的记忆。徒劳，总是好过无痕，那些记忆让他和她都在回忆起那段往事时，会泛起淡淡微笑。

二

她生活在南方的小城。像所有青春期的少年一样，总觉得故乡的小城，太小太小，小得容不下自己硕大的梦想，只有走出去才能实现自己伟大的梦想。

大学毕业之后，妈妈给她介绍市里一个国企的财务工作，相比一线城市，那份待遇不算高，但也不低，在那小小的城市生活绰绰有余，还能过得相当富足。她几乎是没有犹豫地拒绝了，她告诉妈妈自己要去北京。

大学刚毕业的 22 岁女孩。一个人背着相机，拖着行李，坐着火车蜿蜒爬行在华北的平原上，一步一步地朝着"帝都"迈进。

她曾经在市里做过一个网站的摄影记者。读书的那些年，一直希望有一天，自己能够背着相机，从事媒体工作，或者云游四方，做一个自由撰稿人，给媒体写写稿子，在文艺的丽江或者大理居住下来。后来觉得那太不现实，自己年轻的心里还埋藏着巨大的能量。

来到北京之后，在朝阳区的一个小区租下了昂贵房租的房子。

刚开始找工作的那几个月，过得异常艰辛，一个女孩子在北京这繁华的都市里，口袋里的钱一点点地消耗，不知道下一份摆在自己面前的工作是什么。她一度担心自己是不是很快就要从这个小区搬走，住进一个更差的房子。她常常在网上看到文章，说那些北漂的少年，住在没有窗户的隔间房子里，整套房子里住了十来个人，每个人只有小小的一张床的空间。没找到工作之前她已经做好了那样的打算，可她没有给家人打过一个电话。

既然选择了出来，来外面的世界闯荡，就没打算空着手回去。直到那天她读到一句话——"家和故乡，是唯一离开了就再也回不去的地方"，心里默默地生出几许苍凉。自己已经走了这条无法回头的路，便想着要走出个模样。

三

女孩觉得自己要折腾。自己写了那么多年的文字，拍的照片也很文艺。不多久，她便找到了一份纸媒的摄影记者工作，没有沦落到自己预想的那样流落街头。

渐渐地，她很快就成为了一个媒体的摄影记者，再便是认识了很多媒体的编辑，开始在工作之余给他们写稿子。偶尔还会以特约记者的身份给《中国周刊》《南都娱乐》这样的大刊写稿子。甚是欢喜。

来"帝都"之前，她设想过无数种可能。自己不是毕业于重点大学，可能找不到工作，被扑街；或者找不到住处，拖着行李箱住在小旅店，钱花光了回老家，被扑街；或者工作的收入和开支完全不平衡，自己设想的美好生活和现实产生巨大差距，最后还是，被扑街……可来了之后，找了几个月工作，没想到比想象的顺利，或许是老天眷顾，一个在外闯荡的女孩总是值得疼惜和照顾的。

诸事还算顺利，工作一年下来，写了不少东西，也接下了两本书的合同。她还和自己一个相熟的编辑互勉，要一起战斗，那个编辑男孩也是接下了两本书的合同。她一边帮别人做书，一边又遇到几个做新媒体的朋友，想要做娱乐类的 App。她是硬生生把自己二十出头的青春，过成了几个人的青春那样繁忙。

来北京的第一年，春节她没有回家，还在熬着 App 上线之前的工作。除夕之夜，她还在加班，突然觉得心酸，有点儿想家，可想了很久还是不知道怎么给妈妈打电话。她打开微博，写道：其实我这几年还是挺幸运的，写文遇到了最好的编辑，做互联网遇到了最好的同事，当记者碰上了最好的杂志。尽管中途丢掉了些专业或非专业知识，但一直坚守在传媒的阵地上，沸腾着，也沉淀着。现在我又把更多精力挪至创业的项目上，这每走一步似乎都在推翻过去，不知道未来会有什么等着我，可我知道，徒劳总好过无痕。

写完微博，到楼下街角的餐馆里，点了个土豆片，莫名地吃出了故乡的味道，一边吃，一边落泪。毕竟是个女孩。她想着自己搬到那个小区以来，煤气灶、冰箱、水管、洗衣机，甚至淋浴喷头，坏的坏，换的换，都是自己一个人应对，实在应对不来，才找到同事或者朋友帮忙。自己也从一个羸弱、犹豫、多疑、对未来充满惶恐不安却又满怀期待的状态，成长为一个能够独当一面的女孩。

吃完饭，假装坚强地给妈妈通了电话，然后继续回到住处熬新媒体创业的事。

四

有些事，从开始做的时候，就没有想过一定要达到怎样的目的，或者一定要得到什么。就像九把刀那段"最美的徒劳无功"的感情，或者我们在追求着永远不知道终点的目标。

工作充实的女孩，几乎是趁着所有闲暇的时间去做那些自认为有意义的事情。比如去做义工，或者在喜欢的小店里找寻一些小的物件，或者出去短途旅行。她觉得那样能够让自己尽可能地远离负能量，但自己距离梦想的方向还是差太多太多。

她的书出版了。她的 APP 也上线了，人气还不错。

但她的感情、她的生活也还是遇到过诸多问题，本以为强大到可以应对一切，但还是难免会在乱七八糟的事情中沉下去。每次遇到负能量积压太久，她都会到朋友那里去，两个人坐着、说着，或者叹气，末了终归于长长的沉默。

她说：有些命运难以忽略，那就奋力一搏吧，人生总还是要过下去的，这么愁眉苦脸，恐是青春都不会原谅自己。能爱，一切就还能继续。

　　她计划，忙完这年一定要去学点其他的东西，和自己掌握的媒体相关的技能不同的东西，比如建筑，比如戏剧，比如心理学，等等。二十来岁正是折腾的时候，她不想在三十多岁之后，自己成为一个孩子的妈妈，因为顾及着家庭或者丈夫，或者诸如此类的繁琐生活而失去了挣扎的可能。还能学习，人生就还有无限种可能，她也不知道自己最终会走成怎样，曾经心心念念的媒体路，说不定哪天就变了，只要自己愿意，没什么不可能。

　　在北京的第二个春节前夕，她终于还是决定要回家了。都说，父母在，不远游，游必有方。她算是已经"游必有方"了，可前路的意义不在于寻找，而在还归。她没有买机票，还是想以来的方式回去，在火车站附近找了一家宾馆，开房间，进去之后拉起窗帘，自己待在里面，开着电视，刷起了微信。

　　朋友圈里，充斥着各种祝福与告别，很多人都在写着自己的年终总结。她想想，自己来北京这两年折腾了太多，而以后可能还会折腾更多。回到故乡，自己已经不再是两年前的那个自己，可她还是那个会拒绝一个国企待遇不错的工作的自己，因为有梦想，还能爱，还能折腾，她就不想局促在各种犹豫里。故乡是个回不去的地方，曾经人们掀起"逃离北上广"的运动，可最后他们又都回到了那里。她乘着火车从故乡出发，从北京再听着铁轨节奏的响声回去，最终火车还会把她从那里带走，带到充满折腾的梦里。

也许她做的每一份工作，很快便被自己否定，从网络媒体到纸质媒体，从文字到摄影，再到以作家的姿态写作和思考人生，最后还要在新媒体的潮流里奔突，亦或者以后的她还会进入建筑、戏剧或者心理学行业。不是无数次的否定，而是无数种可能。徒劳，并不是无功，但绝对胜过局促不前的死寂与无痕。

你只有努力，才配得上更好的生活。

你不对自己狠，就别怪别人对你狠

高中毕业填志愿的时候，本意想去海南大学念戏剧影视文学专业。隐约觉察到父母期望我能留在重庆，便改在本地一所大学，念了中文专业。

大三下学期的时候，同学们都开始准备复习考研了，自己也有点儿动心，想念影视方面的研究生。于是也跟着像模像样地去查自己想考学校专业的复习书，然后借书来看。那段时间一直抱着厚厚的《世界电影史》，翻来翻去也没有看多少页。

最终还是没能坚持下来。但也知道了考研是怎么回事。后来遇到两个朋友，听了他们的故事，对我产生了莫大的震撼。

Y 是在一个 QQ 群里认识的，大家聊得好，相互之间也就成了朋友。那种生活中互不相识的朋友，有种特别的好处，你不开心的时候向他倾诉，他不会有负担，你也能获得快乐，或者你需要分享一些事情的时候，他也都乐于倾听。

Y 是个律师，她非常瘦，瘦得像是营养不良。但她天生就是那样的体质，就算吃再多也不会长胖。她司法考试，经历了三次失败，终于在第四次考试通过了。她说她都不知道自己是怎么坚持下来的。

刚开始的那三年，她一边打工，一边复习考试，最后自己的成绩都不理想。女孩的青春都短，三年下来都已经 25 岁了，都说人从生理上 25 岁就是转折点，从 25 岁开始人就开始渐渐变老，所有生理和心理的特征都开始出现一些变化。

考到第三年的时候，Y 已经压力大得不行。第四次考试她整个人都带着豁出去了的心态，节衣缩食，待在家里复习。有段时间脑子都进入了一种虚空的状态，总是产生耳鸣和一种空荡荡的感觉，脑子里有个影像，好像自己处在一个空旷的地方，孤零零地站在那里，一束不知来向的光照着自己，四周一片黑暗，不知道会有什么，心里特别地压抑。

考试前的一段时间，她还出现了幻觉。常常看到一个女孩出现在家里，有时候在自己床边，有时候在屋角，有时候在窗台前，刚开始她很害怕，可久了就觉察出或许是自己压力太大了，也便忽略了那个影像的存在。出现就出现吧，好像还有一种有个人陪伴着你复习的样子。

最后第四次她终于考过了，考过之后那个幻影再也没有出现了，像是得到了解脱和救赎。我问她，那段时间她是怎么处理压力和克服艰难的。她说，她觉得自己根本不会考不过，拼命做就好，一定会过的。最终顺利地通过了考试。

Y 能够把自己复习得产生幻觉也真是蛮拼了。想来也是，一个姑娘能有几个三年来供你消耗在同一件事情上。第四年她用一个很好的成绩给了自己最好的答案。她说，要说 25 岁人开始衰老的话，趁着 25 岁还年轻这个劲儿没有衰落，一鼓作气地多努力一点，就没有什么过不去的。也许再考个三年，未必还能坚持得下来。但是现在不拼一点，可能等待她的要么是放弃，要么是无休止的司法考试。最终 Y 顺利地成为了一名律师，她说希望以后能够成为一名检察官，还开玩笑地说，梦想成为检察官都是TVB 惹的祸啊。

和 Y 姑娘有些相似的是 S，S 是我之前在做网站编辑时的一位同事。

S 因为是研究生学历进入公司的，工资会比我高出一截。这无可厚非，别人比你多耗费太多的时间和精力，也学习了比你更多的东西，有一个比你更高的文凭。所以那点儿收入的差异并不能成为彼此开心玩耍的芥蒂。

S 说在大三下学期的时候突然就决定考研了。本来她在一所很普通的大学，心里面有些不甘心，就这样像大多数同学那样，一窝蜂地扎进社会的洪流，做着普通的工作。想趁着年轻的时候，多拼一点儿，考个研究生，多认识一些人，多学一点儿东西，也多一些可能向上的机会。那时候也有人劝过她，说你考研了之后出来是一样需要找工作，读三年书，三年会积攒多少应届毕业生，到时候压力只会更大，而且做三年说不定工资都涨了不少。S觉得朋友们劝她说得也不是没有道理，但自己认定了，觉得不能这样比，就不想被任何人影响。

本科学计算机的S，突然想要去报考名校的工商管理硕士，也就是传说中的MBA。那时候的S还是个小胖妞，长得也不漂亮，觉得再不济一纸文凭怎么着也会为她长相之外加些分吧。

因为跨专业，关于工商管理硕士的专业知识，可谓一窍不通。连大二结课的英语和数学，也都快被忘得一干二净了。重新拿起丢下的东西，和接触一些全新的东西，那段时间S昏天黑地地泡在考研自修室里。抱着专业书籍，几乎是一字不落地背，因为缺少基础只有死记硬背之后才能帮助她慢慢消化。

对比着网上淘来的笔记，在书本上写满了各种知识点的扩展信息，整本书都是花花绿绿的记号，那本书几乎只有S自己知道怎么用。英语和数学这种基础课程，也是很艰难的，她甚至买了两套书，自修室里的书和试卷是需要做的，宿舍的书则是睡前那几分钟翻阅的，上面没有任何笔记。S说，如果两本书都做笔记，最后复习起来只会增加自己的难度。政治是她最后才去复习的，那种死记硬背就能过的科目她一点儿也不担心。

夏天的时候，S顶着炎热的天气做着恼人的高数题，整个人很快就晒黑了。考试前的那两个月，她每天凌晨两三点才睡觉，早上六点多就起来了。校园里很少有那么早起来的人，她就开始在自修室里拼命了。最后终于考上了一所知名的211高校。拿到成绩的那段时间，她高兴得不得了。她说，高兴的不只是成绩，考试前一百三十多斤的体重也被复习的那一年折腾得只有九十多斤了，她整个人都焕然一新了，从丑小鸭变成了大家眼中的大美女。

听了S的故事，我真心地连连点赞。多少还有些后悔，觉得自己当初能够忍忍，多坚持一把，说不定就不用在这做网站编辑了，或许可能去做自己梦寐以求的影视编剧了。后悔归后悔，庆幸的是自己没有迷失过方向，最后离开网站之后也算是走上了正轨，做了自己喜欢的工作。网站的工作对文字要求不高，更多的是技术层面的工作。在我离开之前S就已经离开了，本科学计算机，来到网站是她的第一份工作，她只想找一个跳板，完全没有想过要在这里长久待下去。

　　我问她是怎么做到那么拼的。她说，她对本科时的自己认识也算非常充分吧。普通的学校，普通的长相，普通的能力，丢在茫茫人海的求职大军里，绝对是炮灰级别的。你不对自己狠一点儿，进入到那样庞大的求职人群里，只有沦落到别人对你狠的地步。S对自己还是有点儿要求、有点儿渴望的，希望自己能够有个更好的环境去更好地生活，也羡慕自己以前看偶像剧里那些都市白领的工作。那种工作和自己知道的学长学姐完全不同，平凡的毕业生根本不能叫白领，只能叫在写字楼里工作的人而已。

　　最后S去了哪里，我不知道。但我觉得应该会是她期望的真正的精英白领阶层的工作，至少她会朝着那个方向努力。S说得很对，你不对自己狠一点儿，真的只能沦落为炮灰。人生啊，只要你对未来还有所期望，还年轻，还能折腾，就要努力一把，拼命的时候一定不要对自己手下留情。你只有努力，才配得上更好的生活。

定位自己，才能定位未来

一

Z 君去某大公司的地方分公司做了人事专员。

我们都觉得他太牛 X 了，大家都是去面试做个职员，他是去面试别人的。

Z 说他去上班的第一天就是培训，接连培训了好多天。

有个讲师是公司外聘。讲师讲了一个故事。

有人来面试工作，他会问应聘者一个问题：你是不是一个善良的人？

这问题抛出来之后，一般的应聘者都会被砸得莫名其妙。一般人都会去揣测面试官的用意，还有很多人都会纠结于怎么样才算"善良"，或者自己究竟是不是善良的。

面对这个问题，有的人会吞吞吐吐地说：应该是吧。

还有的人会说：我也不知道。

讲师说，他其实并不是想要招聘一个善良的人。通常情况下，善良对一个工作人员来说，用处不是特别大，当然也不是说完全没有用。

他说，他通常会用这个问题筛选掉一部分人。通过的进入下一轮，通不过的那就免谈了。那怎么样才算通过呢？他会选择那些毫不犹豫回答是或者不是的人。他说这要的不是善良与否，也不是能否应变面试官的刁难，而是你是不是清楚自己的位置。这个问题可以有千万种变化，只要是和工作毫不相关却又看起来非常简单而且莫名其妙的问题，总会很轻易地考倒一个人，尤其是在面试和应聘诡谲紧张的氛围里。

他说，只有清楚自己是怎样的人，能够正确认识自己的人，才能在工作中正确面对自己的工作，面对问题能够充满责任感去应对。

二

P是那种读书以来就一直特别能折腾的人，从中学时代开始就一直把自己当作三好学生来对待。高中时候成绩一直不错，考试总能够在庞大的校园里进入前三十名，这个范畴足以保证把他送进重点大学。

果不其然，高考下来成绩志愿一轮走完，他被送进了一所985高校。全家皆大欢喜，把孩子当作扬眉吐气的标签，还请了乡亲近邻吃了升学宴，多么地光荣！P也觉得好像这一切都是理所应当的。

在大学校园里，虽然不像是高中时候以成绩论英雄，在那个不看成绩的环境里，大家都追求着 60 分万岁，他成绩也还算能够拔尖。参加了两个校园社团，做得也都特别出色，在大二下学期校园社团换届的时候，两边的社团负责人竞选他都入围了。最终他不得不放弃了一边，而成为了另一个社团的负责人。

按照这发展趋势，他也很快地从校园毕业进入到一家知名的外企。谁都觉得接下来的事情会一帆风顺，一个优秀的人在一个优秀的企业，会拿着一份优秀的待遇，过着优秀的生活。

可是大企业就是大企业。那轮外企招聘一起进去的有 8 个人。3 个月的见习期完结后，面临着转正问题的时候，公司进行了一次综合能力测验。所谓人外有人，不幸的是 P 没能通过，最后人事总监告诉他应变能力和社交能力是个缺陷，就这样他被开除了。关键时刻没能转正。

之后，他把自己关在家里好长一段时间，都处于无业状态。在一个拥有数百人的大企业里，竟然没有自己的立足之地。在家里待久了之后，没有工作自然没有收入，也不好意思再向家人要钱。决定先找一个工作应付着，骑驴找马，遇到更好的机会就跳槽。

可他离开那家大企业之后，转而就投入到了一家工作类型相似的活动策划公司，外包做各种大公司的策划和设计相关的业务。没想到离开大公司之后，本来被 P 拿来当作练手的工作，却突然凸显出他的优势来。

他不太擅长和人打交道，有些宅，可他内敛的性格对应着的却是无限丰富的思维，有时候点子多、奇到让人惊讶的地步。而且他能很好地把那些点子具象化下来，做成一个策划案，哪些地方该怎么安排、哪些地方该怎么规划，他安排得一清二楚。老板看了他的方案之后，常常都说：这家伙，简直就是个天才啊！

很快，他就决定自己要留在这里。别人都说，宁为鸡头，不为凤尾，大概也就是这个意思。P 在这家小活动策划公司，不仅找到了自己能力可以发挥的地方，也找到了存在感，还得到了丰厚的待遇。每做一个方案，都能回馈一笔款项到他手里。在这里做得那么好，何乐而不为？

站在局外，我想 P 的父母可能会觉得看不起这个策划公司的职位。P被那家外企Kick（踢）掉的时候，心里面也充满了委屈和郁闷。毕竟他做了那么多年的优秀角色，竟然会被当作劣质品淘汰掉。我们都希望能够进入一个好公司，拿一份好待遇，有一个好职业，但这不是你读了多好的学校，有多优秀的成绩，就注定你要做多优秀的工作，或许你的位置并不在那里。P在策划公司得到的待遇，发挥出的天分，就让他找到了自己的位置和价值。

三

你读过大学，我也读过大学，我们都经历过校园生活，我们都知道那是怎么一回事。

很多人都是前三年玩游戏，大四的时候拼命找工作，大学时我们寝室就有三个这样的人，只不过有一个比较悲催一些，最后没有拿到毕业证和学位证，回到老家继承了家里的企业。毕业那天，我们寝室有个兄弟的学位证丢了，我们一度还怀疑是不是那个没有拿到双证的家伙偷去了，以回去给家人交差。

大多数的大学生活都是那么过来的，平凡而普通。毕业前夕，面对人生的分岔路口，我想你我都有过那种感受，特别迷茫，不知道自己要去向何处。茫茫的人才市场，人潮涌动，每个展台面前都排着长长的队伍。就算是校园招聘，也有种来校园里做宣传的意思，总觉得那些岗位没有自己的归处。

寝室有个兄弟老方就是，毕业前夕，校招的各种公司要举行双选会了，拿着简历彻夜感叹，说不知道该在简历上写点儿什么，好像都是一片空白，也没有去实习过什么工作，也没有特别擅长的东西，连学校里面比较正规的奖项都没有拿过几个。说得彻夜难眠，我们几个人躺在床上，一边焦虑着未来的走向，一边感叹着身份的转变，我们都不再是学生了。还在感叹，不知道此次离别之后，我们几个好兄弟不知道什么时候才能一起见面了。

老方在感叹简历不知道怎么写，不知道自己适合做什么工作的时候，躺在床上还点起了烟，说是孤枕难眠。那家伙最后睡着了，烟头掉在了床上，还把被子烧了个大洞，闻到味道才把我们吓醒，从厕所接了盆水泼在他床上。

后来老方也是辗转在重庆、成都做了好多份工作，一直没有安定下来。

苏格拉底有句至理名言，叫"认识你自己"。与其不断挣扎，想拼命做出一份优秀的冠冕堂皇的简历，让人看了觉得你很优秀，然后录用你，倒还不如说把问题丢到内心深处，问问自己究竟擅长什么，适合做什么工作。找到你自己心里的位置之后，你才能找到职场的归处。如果你的简历被一家大公司相中，结果他发现你并不适合，像P一样最后被踢掉，你还能像他那样，在一个小公司发挥出自己的能力和光芒吗？只是编简历显然骗得了别人却骗不了自己。

不知道，在面试的时候，面试官突然丢出一个问题：你善良吗？

你心里会有明确的答案吗？

你没放弃生活，生活就永远不会放弃你。

愚钝如我，生活仍没放弃

一

我一直是个愚钝的人。从来都不曾聪明过。

生在农村，父母老实，还是普通得不能再普通的家庭。我也就是这普通家庭里的孩子。我的出生，让姐姐们都没了书读，家里交不起超生罚款，只有让姐姐们辍学。而读书成为了我替代姐姐们要完成的最大使命。那也是我唯一的希望，也是背负着父母的最大希望。

闲来无事，和父母聊天，他们总会说：好好努力读书，这样你才能出人头地。

"好好努力读书，这样你才能出人头地。"这句话整个童年听了无数遍，有时候都觉得它就像个梦魇，一魇就魇了我整个少年。长大以后，再想起那句话时，仿佛领悟了什么：父母或许就知道我不是个聪明的人，只有靠着这样的方式，才能改变自己的命运。

在父母的念叨里，我渐渐开始变得要做一个"好孩子"。好孩子就是不爱说话，有时候看到长辈挠挠后脑勺不知道和长辈打招呼，回到家里就把自己关在房间里，听着门缝外传出的声音：哎呀，这孩子就是这样，都不爱说话，一天把自己关在房间里看书。

小学三年级之后，学校里开始教大家写作文。那时候觉得写作文太痛苦了，怎么可能写得了几百字嘛？根本没那么多的话可以说啊！大姐心疼我，给我买了一套作文书，书名简单直接《写人》《写物》《写事》《写景》。几乎厌倦写作文的那段时间里，我的所有作文作业，都来自那套书里，开始是抄，抄别人的文章被老师表扬之后，感觉特别羞愧，后来写作文尝试着抄的时候改写一点。渐渐地，在抄写作文的时候，好像找到了一些关于写作的脉络，也才有了后来对文学的热爱。

自己一直不是个聪明人，每次想要做什么事情，都得耗费掉比别人多很多倍的时间和心力。但我又是自己的人生和整个家庭的希望，所以只有把自己弄得辛苦一些，争取拿优秀学生的奖状，上好的高中，好的大学，以及做一份好的工作和过好的人生。

小学的时候，记得有次和班上同学打架。我把他从一个石头阶梯上推了下去，脑袋磕出了血。心里很害怕，却还要像小孩子打架时应有的桀骜，表现出一种不服气再来战的姿态。没想到他哭了，后来他爸爸来了，把我的书包收缴了，让我叫我父母去拿。我顿时心里面一阵恐慌，却又不知所措。回到家里，挨打。妈妈说，我让你去读书是让你去打架的吗？打骂之后，妈妈带着我去给人家家长道歉，要回书包。

中学有同学J，他学习成绩很好。就是每天玩，也总能拿到年级第一。他是天赋型选手。自己远远落后于他。没办法，小小的乡镇中学，每年差不多也就四五个孩子能够上县里的重点中学。

那些时间，我天天花很多时间看书，寒假暑假的作业从来都是一两周做完，剩下的时间除了玩也便会看很多的书，甚至预习下一学期的课业。终于才赶上了年级第二、第三的位置。后来念高中之后，曾经的天赋型选手，依旧保持着初中时的作风，集结小伙伴，一起出去玩网游，和同学一起偷偷抽烟，晚自习逃课，再后来，大概如《伤仲永》里的少年，从此消失在那所县里最好的高中。他的天赋可以甩出我几条街，但他高中没念完便回到了乡下。后来去了哪里，不得而知。

前段时间，回老家，远远见到他，不敢上前打招呼。曾经有多少年，我一直把他当作心里的对手，默默较劲，觉得我不努力就赶不上他。那种较劲的心态，在心里埋藏了多年，仿佛是一种自卑加上难以言说的感觉，我只是远远地看着他。愚钝如我，聪慧如他，却走向了两种不同的生活。世间本没有路，不是走的人多了才有路，而是你想着，走着，坚持着，它自然就有了路。

二

大学期间，我加入了学校的记者团。和我同在记者团的还有一个和我相似的少年 L。之所以说他和我相似，也是在我们认识好几年之后，一次记者团聚会，酒酣饭饱之后，我和他都没融入大家的欢乐里，在一旁开启了私聊模式。

L 进大学之前，根本不知道作为一种文体，什么是新闻。

都说高中结束，大学就是个自由自在的地方，但大学也是个你逐渐发现自己愚钝的地方。只是有的人选择了用爱情来滋润自己，有的人选择了游戏来麻痹自己，有的人选择了摸着石头过河找寻自己。

L 不知道新闻是什么，我也不知道。加入社团时，台下的老团长和各个部长，都是很优秀的学生，在学校里都写出了些名堂。我记得有个学长问我，你知道新闻的六要素吗？我脸涨得通红，然后摇了摇头，说，我爱写作，我就想加入记者团。手里攥着我以前写过的诗歌和短篇小说，结巴得说不出话来。

团长给另外一个学姐交头接耳地说了几句什么。然后跟我说，你把你的诗歌拿下来给我们看看呢，我觉得你可以考虑进入副刊部。负责副刊部的学姐把我叫了过去，由于紧张整个人都显得很激动，她问我诗歌的问题时，我声音都在发抖。

副刊部有个学长本身就是个诗人，和《星星诗刊》等很多诗歌杂志的诗人都有联系。我很佩服他。他瘦瘦的，不爱说话，看了我的诗歌之后让我进入副刊部。就这样，我进了副刊部，而 L 进入了新闻部。整整大学一年，我在校报上仅发表过一篇一句话新闻，20 多字，领了 10 块钱稿费。副刊更是颗粒无收。

L 那段时间，几乎天天都在图书馆看书，学习新闻方面的知识。很快，他的新闻开始见报。学校的校报是有国家统一发行刊号的报纸，让我们这些文字爱好者特别荣耀的是，自己文字在上面发表了，还有机会和都市报一起参评重庆新闻奖。这是重庆最高的新闻奖项。那时候一直希望有一天自己能够拿奖，可又觉得那是遥遥无期的梦。

在我们大二开始接任记者团各个部的部长时，老一届的团长们退役了。很快他们也成为了重庆各大媒体的记者，或者从事着新闻传播领域的工作。那是我梦想的工作，也一直期望能够从这个平台跳到更远、更大的新闻媒体。

L 每次写新闻都特别好强，每篇新闻稿写得都特别"用力"，不写出让自己满意的稿子他是不会交给校报的指导老师的。虽然我也发表了很多的文字，可每次看到 L 拼命的样子时，自己总是有种类似自卑的感受萦绕心底。不知道你有没有过那样的感受，自己与他人的差距不在于身高、年纪、出身或者其他，而在于别人一直努力让自己产生的某种羞愧。我和 L 之间就是这样。

后来 L 凭借着他的努力，成为了记者团的团长。那时候，我一直觉得 L 也终会成为和学长学姐前辈们那样的传奇人物，进入优秀的媒体，延续着自己年少时的追逐。L 做团长时，我从副刊调到了新闻部做部长，监管着两个新闻部。于我，拼命地写，偶尔老师周末打电话来，我大清早地跑到记者团，和老师一起改我写的评论。有时候老师特别喜欢我的一篇评论，会让我特别开心，好像自己执着的东西被人认可了。后来我也拿到了曾经心心念念的重庆新闻奖，L 却出乎我的意料，没有在毕业后进入媒体行业，而是考取了一所更好的学校的法学研究生。他走之前，我问他怎么突然想到跨专业去学法律。他说，不知道，也许是自己对法律有着某种本能的敬佩吧，想看看自己还可以走出些什么样的路。

L 和我很相似，我们一样都不是那种聪明的人，但却追逐着自己渴望的生活。在追逐这点上，我又远远不如他！

三

追逐了那么久，不过是为了一份工作，用自己的智力和心力去换取一份薪水，换去我们生活继续的动力。曾经渴望能够进入《南方周末》《新周刊》《看天下》那样的媒体，后来终是发现自己和那个目标之间的距离差得太远太远，曾经在《南方周末》上发表了一个"小豆腐块"，就让我开心了好久，仿佛自己伸手碰到了天。

后来我去做网站编辑，工作并不顺遂，加之鼓励了我那么多年，一直希望我"好好努力读书，这样你才能出人头地"的妈妈突然罹患癌症，感觉自己的人生都仿佛坍塌下来了。愚钝的孩子好好努力进入了城市生活，本可以让妈妈歇息，妈妈却累倒下了。这样算"出人头地"了吗？

聪明的人大抵也避免不了要遇到很多的人生难题吧！愚钝的人，面对各种人生艰难时，也只能耗费更多的时间去面对。我写了十多万字的日记，花了几年的心力去面对妈妈的离开，疼痛今日犹在，总是不敢回望。

写下标题"愚钝如我，生活仍没放弃"，想的是这世间有很多的平凡人如我一样，或者我如很多的平凡人，不是天赋型选手，却要在人生的每一段路上，和各种各样的选手一起奔跑，也许你我都会感觉到累，想过放弃。"生活仍没放弃"，我想说的是：你没放弃生活，生活就不会放弃你。

人生的艰难能到何种程度？做生意亏得倾家荡产？恋爱屡次被伤害？工作压力大老被傻X的领导骂？被父母逼婚逼到不想回家？考研考了几年仍然没有考上？公务员系统里过着一天一万遍的生活？至亲至爱的父母离世？

只要还活着，就会有各种各样的悲戚；也只要还活着，不管你多愚钝多聪明，你把自己渴望的事情追逐个十年二十年，它就能给你很好的答案，它甚至就像是被神化或者俗化的"梦想"，能感受到不好，自然也能感受到好。

记得大学的时候，寝室有个哥们。整天打游戏，然后也特不爱洗澡，我们整个宿舍都是他身上的味道。如此不堪的状态，他仍然能够坦然面对，能够每天打电话骂骂女友，一样过得开心，他用他的方式在过他的生活。最后毕业没能拿到毕业证、学位证，回家继承家里的产业，或许他日过得比你我还要好，也未可知！

只要不放弃就还能继续。

从网站离开之后，我进入了杂志社。网站的工作写那些软文太没成就感，终于来到杂志社，可放下太久的文字工作，新上任时却又十分忐忑。我该怎么面对？世界人口 70 亿的时候，主编让我写一篇文字。我写好之后，总是不得要领，被打回来反复修改。

那是我进杂志社写的第一篇正式文章。写了整整七遍，在第三遍之后，主编大概受不了如此愚钝的我，把稿子交给了一个老编辑。我继续改了四遍之后，稿子才终于通过。时间已经过去一周多。当期的杂志已经付印，稿子过期，终于没用。最后换来了主编的一句话，稿子算是摸清楚了门路！

从此我每次写文章都特别钻牛角尖，想把文字把握到读者渴望的那个点上。外表波澜不惊，内心却汹涌无比，谨小慎微地写着每一篇稿子，努力地做着每一件事情。终于一年之后我拿到了整个杂志社编辑中心的优秀员工。兜兜转转，觉得愚笨的自己，转了一大圈又回到了自己渴望的地方。生活或许艰难，或许自己要比别人承受更多的付出与艰难，但到底生活给了我一个还算满意的答案。

只要你没放弃生活，生活就永远不会放弃你。

成为一个站在梦想里的人，是快乐的，在那之前，却是无限的痛苦。

你做梦的时候，总有人在努力

其实，最可怕的不是在梦想面前，屡战屡败而失去了斗志。也不是在迷茫的时候，找不到下一个人生路口该向左走还是向右走。而是在我们开口闭口就说梦想的时代，好像梦想显得太平凡，平凡得就像隔壁老王家的狗，老张家的女儿和你是发小一样，太熟悉了以至失去了它引导前行的魅力。

小的时候，我们都在田字格作业本上写过长大后的梦想，我们要梦想当作家、当解放军、当明星、当科学家、当老板。我想 80 后、90 后小时候都有过这样的经历。你应该也和我一样，是 80 后或者 90 后吧。我们都熟悉韩寒、郭敬明，也很熟悉艺人杨幂或者 Angelababy，可能你也知道汽车之家创始人李想或者聚美优品 CEO 陈欧。可能你还会喜欢看韩寒的书，也会觉得 Angelababy 很漂亮，或者在聚美优品上买时尚的化妆品。

是的，他们就是你小时候的梦想。他们是作家，是演员，是老板。后来长大了，你我都变得更物质了，觉得要做有钱人，有的人选择了去买彩票，有的人也想要嫁入豪门。后来你可能知道了王石的女友田朴珺，也偶然在新闻里认识了普莉希拉·陈，她是 Facebook CEO 扎克伯格的老婆。不过要补充的就是田朴珺和普莉希拉·陈也绝非花瓶，靠着颜面嫁入豪门，他们嫁入豪门靠的不是"颜值"，甚至在这个看脸的时代普莉希拉·陈完全算不上美女，她们靠的也是拼命的努力。

前面提到了很多名字，也许你已经发现了，他们都是 80 后或者逼近 90 后。他们和你我一样大，我们在觉得梦想被说烂了的时候，他们已经站在了我们少年时的梦想里。我们却好像一再地错过，小时候我们没有赶上发挥特长做明星、做作家、做老板，长大了我们嫁入豪门也没有赶上。他们实现了你的梦想，你在羡慕他们，现在来谈梦想还会显得那么苍白无力吗？

知道厉向晨的时候，他才刚开发康熙字典体不久。那会儿杂志要做一些有梦想的年轻人的访谈，最后因为他太忙而搁浅了。也许你知道厉向晨，也许你不知道，但你可能在用着他康熙字典体的盗版字体，或者曾经赞美过这个新字体挺漂亮的。现在很多的设计上都能看到他的字体了。

厉向晨是个 80 后男孩。2008 年，他辍学，开始自己创业。他一个字一个字地将《康熙字典》扫描进电脑，然后一个个地修改，把《康熙字典》里的文字书写方法以一种优美的姿态用于电脑输入。这个字体很酷，很多人都觉得很酷，所以大家都开始想办法找盗版用，或者一个人付费多人使用，甚至商业上偷偷盗用。几乎很少人会去买他的版权。

他一直都在思考个问题，我们在电脑上看到的字就应该那么丑吗？或许你根本没有考虑过这个问题，或许你觉得它根本不是个问题，在这个审美至上的时代，厉向晨觉得我们的文字可以变得更美。

做康熙字典体，是个庞大的体力活也是审美上的脑力活儿，做这个字体的时候，他们还做了隶辨隶书体、仪凤写经体等字体，他在做字体这个行当里像一个挥舞着手臂阻挡马车的螳螂，也像是和石头硬碰的鸡蛋，只凭借着感觉就执着其中。

他也确实做出了些小名堂，可始终没有人看好他。他成了罗永浩锤子科技的字体工程师，一边做着工作，还一边在坚持梦想。他抱着梦想执着向前的时候，从来没有想过同龄人在怎样生活，做字体的未来在哪里，也根本没有抱怨过别人的成功。他只是在努力。虽然罗永浩知道他在做这份事业时，都表示过怀疑：这靠谱吗？

但他还是和小伙伴坚持做。他们拿着商业计划书，挨个地去敲投资人、投资机构的大门，最后拒绝信拿到手软，还是不懈地在坚持。一次次地失败，也让他思考过，为什么自己做的事情挺好的，就是看不到商业前景。

厉向晨觉得，日本有森泽、美国有 Monotype，他们都是年收入过亿的字库企业，而在中国也应该有这样一家才对。他把梦想当作一种事业，也是把事业当作一种梦想在经营。作为 80 后男孩，他或许比谁都更清楚，是什么在让他继续坚持，继续一次次地前进。当一个有梦想的人朝着梦想努力的时候，他的力量将是无限大。

老早前跟他约过采访，最终搁浅。那天他在微博上发了个链接，科技媒体《36Kr》网站报道他们正在融资。我跑到他的微博下默默地点了个赞。觉得一个人的梦想正在拼命实现的时候，他值得无限的赞美。

曾经我们做过很多的梦，无数次的梦，我们梦想过成为各种各样的自己，但我们却很难没有坚持着向自己梦想的方向前进。到最后梦想只是落在曾经我们童年时的作业本上，然后随着我们渐渐成长，那些本子都被埋藏在某个布满灰尘的角落里。

成为一个站在梦想里的人，是快乐的，在那之前，却是无限的痛苦。我们只是看到了韩寒、郭敬明，看到了Angelababy或者陈欧，我们没有看到在那之前的他们，也和我们一样默默无闻，但他们选择了以不同的方式对待内心深处的自己。

有一次，在一篇郭敬明写的文章里看到。他说他刚到上海时，忍受了各种人对他的非议，他所有的情绪都是别人攻讦他的证据，他唯有默默地努力，在所有人都睡着了的时候，在几个通宵没有睡觉的某个凌晨，洗了个澡继续写他的《小时代》。人们只看到了他穿名牌，坐豪车，住豪宅，却从来没有看到他在追寻梦想的时候，因为所有人都在安乐地睡梦中。

现在正是你青春年少追逐梦想的时候，你要把梦想搁浅在未来的什么时候呢？

别让梦想被"后路"绊了脚

女孩 S 跑来跟我说，前不久有个同学休学去旅行了。她很羡慕休学旅行的同学，也希望成为像他那样敢说敢做的人。中国没有 Gap Year（间隔年）的传统，但是同学却自己给了自己一个 Gap Year。她说自己就永远做不到那样。

我问她为什么，只要你愿意，你也可以这样做。

她说，自己最想的不是要一个 Gap Year，而是一直喜欢摄影和写作，也一直想把它们当作奋斗终生的事业，常常看到身边有同龄人写文章了，甚至出书了，就会觉得他们特别强大，希望自己会有一本属于自己的书，甚至不求它能够卖多好，能珍藏起来就是一份最大的美好了。她说自己总是不能全身心地投入其中，会顾虑到很多的东西，比如学习啊，比如父母啊，比如很多不得不考虑的因素。

我说，你也可以去做啊。大学有那么多的时间，你完完全全可以去跟着自己喜欢的方向走啊。

她想了好久，不知道怎么表达。

S一直就是一个优柔寡断的女孩，她爸爸都常常说她，如果一直这样优柔寡断出去迟早会吃亏。可她还是改不掉。或许不只是她，我们很多人，在做一些选择的时候，总是会瞻前顾后，想如果我选择了这个，会怎样，但万一不是那样，我选择另一样会不会更好一些？其实永远都没有如果，要是有那么多的如果，估计我们都中五百万彩票了。有那么多如果的话，我们的人生都会事事顺心、轰轰烈烈地朝着自己想要的生活去走了。没有如果，你就得做很多选择。选择是个很有意思的事情，它有些类似二元对立，你选择了一些东西，就放弃了很多和它不同的东西。

　　S高中的时候就开始喜欢上摄影和写文章了，还经常画画，俨然把自己当作一个艺术生来培养。她在同学们整天都沉浸在看书复习的时候，就开始去投稿，去认识一些杂志编辑，也有一些文章和摄影作品被杂志录用。第一次拿到稿费的时候，她一直没有舍得用，而是和样刊杂志一起拿回家给妈妈看了。

　　她妈妈一直觉得她这是不务正业，高考是当务之急，怎么能拿学习的时间来玩这些呢。她当然不服。后来妈妈也妥协，说等她以后上大学了，或者工作稳定了，再好好发展她的爱好。

　　就这样，她私下还是会去琢磨她的摄影、写作，偶尔还会去画画。到大学之后，按理说成年了，对自己的梦想应该有更清晰的认识，时间也充裕，但她优柔寡断的性格又起了很大的阻碍。她觉得当初妈妈说的也未尝不对。先把学习搞好，等以后工作了有的是时间来玩自己的爱好，很多作家、摄影家不也都不是专业出身的吗？做一份工作，有一个业余爱好也挺好的。

　　她大学念书，学工商管理专业也都是听了家人的建议。说现在学工商管理比较好，以后出来工作也容易。她自己本身一副爱摄影、爱文字、爱画画的文艺女青年模样，怎么可能会把工商管理吃透。不那么喜欢，但还是觉得既来之则安之，先学好再说吧。

S一说起她同学休学旅行，说起自己的文学梦、摄影梦的时候，想了很久，说如果让自己做一辈子的工商管理相关的工作，不要再做文字和摄影也是不可能的，但又很不自信，觉得自己未必能够把摄影和文字做好。她想了想说，其实要的应该就是一条后路吧。

至少做不好，我还有退而求其次的选择。摄影我搞不好，至少还可以读书；文字我搞不好，至少我还可以做工商管理。有那么一份工作，让我可以衣食无忧，才能好好地想梦想的事情吧。

我问她，说如果不去做自己喜欢的摄影和文字，你会选择什么做你的后路？

她毫不犹豫地说：画画啊。说完又赶紧停下了，好像画画更难哦！工作啊，我学的不是工商管理吗？

我说，那摄影或者写文的爱好，或者说理想遇到麻烦的时候，你是不是就会全身而退地做你的工商管理呢？她想了想，说：不会。我说那你到什么样的程度才会真的退却？觉得你迈不过去了，觉得你退而求其次的路走不通之后，能够挽救你的生活不至于太颓废呢？她犹豫了好久说：不知道。

她想了想，很得意地举了一个例子，说：有条后路总会有个安全感啊。就像你在玩蹦床，你知道有个东西一定会接住你的时候，你才敢想怎么跳就怎么跳，想跳多高就跳多高。

其实 S 没想到的是，她可以毫不犹豫地说她的理想，却没有想过她把所有的心思都放在了那个会接住她的蹦床上。她一直在想要为自己铺设好一条后路，然后全身心地去追求她的梦想。但人是个很奇怪的动物，一旦把心思放在了后路上，就会觉得后路是所有的保障，她先学好课业，或者找份好的工作，以后再说梦想，到了以后，你就会像大多数年迈的人一样，叹息年少时自己有多少的事情没有做、梦想还没有实现。那种叹息和不舍，最后就化作了对死亡的恐惧，觉得这人世间还有太多的遗憾，还有很多的事情没有做或者值得自己去做。当然对于生死，我们不需要遁入空门的佛家那样去参悟，但对于理想我们却可以做很多。

优柔寡断的性格很难改变，即便自己知道不好，却还是很难改变。即便可能想过我们一旦投身"后路"的世俗生活，就再也抬不起头来看头上那绚丽的天空。

后路，就像后悔药一样，是没有的。生命从一开始就是在倒计时，路也只有一条，而且是朝前在走。不同的人生，只是我们在摆在面前不同的路时做得抉择，选择了不同的方向和轨迹，但到底你是一直在朝着终点走的。

莉丝·默里是电影《风雨哈佛路》里的女主角的名字，她不只是电影角色，更是真真实实从贫穷饥饿与绝望中走出来的用梦想改变人生的典范，她是个 80 后女孩。她写了本书也叫《风雨哈佛路》，并且成为了一名演说家，她把自己的故事讲给很多人听。她在一个演讲里头说，别说以后，你的人生不是从以后才开始，而是从现在就已经开始了。

是的，我们的人生从现在就已经开始了。

不是说，非得要你去辞职或者休学做自己理想的工作，但你可以努力朝着你理想的方向走，而不是在选择的时候，就走偏了方向。因为你想要的人生，作为首选的不是"退而求其次的后路"，何必要花掉最美好的青春年华去铺设后路。

中央电视台有个公益广告，我们应该都看过。妈妈对年幼的孩子说：等你长大了，妈妈就享福了；等你毕业了，妈妈就享福了；等你工作了，妈妈就享福了；等你结婚了，妈妈就享福了……母爱伟大，到头来把享福永远地都放在了没有终点的未来。最后的结局是让人叹息的。多多少少，或许我们从父辈那里继承下来一些习惯，也许我们把梦想也寄托在未来，觉得等找到后路再说吧，可现在正是你青春年少追逐梦想的时候，你要把梦想搁浅在未来的什么时候呢？

对他人少些愤怒，对自己多些要求

一

M 到北京出差。分手两年的前女友在北京工作。那天没事，就打电话叫出来见一面，随便闲聊。

一月份北京的夜晚有些干冷，他们走在南锣鼓巷的时候，都已经华灯初上了。不少男男女女从旁边中央戏剧学院的校园里走出来。M 想起了当初在校园里和女友在一起的那段时光。

沿着右边的一条胡同，人越来越少，他们找了一家小饭店坐下，外面挂着红红的灯笼。女孩说："想吃点儿什么？我请你。"

他们吃了很久，还喝了点儿小酒。一来二去，M喝得和外面屋檐下红红的灯笼似的。曾经M和女孩分手的时候，万般不甘心，他爱得深沉，女孩却不想被勒得太紧。终于还是分开了。

后来女孩来了北京，在一家广告公司，做一些媒体推广的工作。M知道她谈了恋爱，而自己还单身，在他心里，好像时至今日他还是当年爱着她的那个他，还有权利对她的生活指手画脚。喝了点儿酒，酒精上脑，他不知道怎么的，就说出了一句话：

"你现在男朋友怎么样啊？比我帅，比我有钱吧？还是北京户口吧？"

后来那顿饭不欢而散。在他说出那番话之后，女孩脸色就变了。她说："是啊，比你有钱，还是北京户口。怎么了？"语气里带着各种复杂的情绪。

男孩不快，女孩也不快，都不希望以这样的方式来结束难得的一次见面。结果还是以这样的方式结束了。

M的心里总是有着不甘。他觉得自己爱得那么深，付出得那么多，却连自己心爱的人都不能挽留在身边，而她最终居然跟了一个有北京户口的有钱人。"不就是比我有钱吗！"他心里的种种不平，到头来不过都是源于他不是有钱人，不是北京户口，不是那个可以撑起她内心可以依靠的强大后盾。

她靠着漂亮的外表，绰约的身材，以男人作为靠山过上了更好的生活。

二

J一直是个默默努力型的人。他不擅长人际交往，也不擅长酒桌文化，不会和老板、领导套近乎。几乎每天都是沉浸在繁忙的工作里，埋头苦干。

他从小就有点儿内向，都说内向的人特别恐怖，一不注意可能就发展成马加爵那样的极端情绪，不过他不是，他的内向更像是个乖乖仔，心地善良而温和，做个夸张的比喻，他可能是这辈子投胎的时候选错了性别模式，有时候隐隐约约有一些女气。

他在公司工作三年了，一直默默无闻，收入和自己的努力也几乎成正比，不会有太大的起伏，存在感极弱。

和他同进公司的一个男孩，却很快地升职做了一个小主管。

都知道，办公室特别爱八卦。某天中午吃饭完，去公司楼下的小花园散步，碰到两个散步归来的同事，平时也不太交流，无意打招呼。他路过时，听到那两个女孩说那位和他同来公司升级做主管的男孩的八卦。

说某次她看到男孩请老总吃饭，好像还送了老板一瓶好酒，东拉西扯地进行了一系列发挥，猜男孩背后是给老板塞了红包、送了礼，才那么快就升了职。

短短的一段对话弄得 J 非常不爽，自己工作那么努力，比那个男孩要勤奋太多，可最后还不如别人的一个红包或者一瓶酒。他本来还认为自己是不是哪里做得不够好，没能像男孩一样有闪光点被老板发现。没想到是这样的结果。

越想越不开心，J 就觉得这太不公平了。凭什么一个以盈利为目的的公司，不能以一个员工为公司带来的效益作为评价一个员工优秀与否的标准？

<h2 style="text-align:center">三</h2>

之前在天涯上看到一个帖子。帖子讲了个故事。

男孩是学计算机专业，结果临近毕业的时候，找工作的硝烟也把他给烧着了。脑子一发热，就找了一份证券公司的工作。他感觉大家，尤其是女孩们眼里做证券和投行的男人都是高大上的。

可是隔行如隔山，他都不知道自己是怎么被招录进去的。一同进去的人很多都是学金融出身的，或者多多少少都有些关系。自己却是啥都不懂，股票和基金傻傻分不清楚，更别说什么期货、期权、权证……但这些都得是自己以后要面对的东西。

公司又规定，入职员工必须在一个月内考下证券从业资格证，考不下来就卷铺盖走人。一下子堆了好多本书，而时间只有一个月。他顿时就呆了。原来，每个高大上的背后都隐藏着无限的苦逼。

在公司附近租房的他，在家里宅了十多天，连吃泡面都觉得是在浪费时间，每天的食物基本上就是劣质的火腿肠，鸡肉味、猪肉味的换着口味吃，吃到最后谁家掺的面粉比较多都能分辨出来。然后就是沙琪玛、方便面。到最后连尿尿都尿出了火腿肠的味道。严重缺乏营养和维生素，每天起床都会发呆好久，头晕眼花，手指上全都是肉刺，牙龈也常常流血……

他每天晚上都是凌晨两点睡觉，然后早上七点就起来，除了睡觉的时候，眼睛几乎就没有离开过书，上厕所都抱着书。十多天下来，肩膀都肿了，自己捶不到就拿雨伞敲。

那段时间经过了昏天黑地的魔鬼式学习，他竟然就那么把证考了下来了。

那些天他真是一心都在想考试的事情，怎么把证拿下来，想自己选择了一个行业，自己就要想办法折腾，要想在外面让人看起来高大上，所有的苦逼都只有一个人背地里默默承受。最后，他做到了。

四

我们常常也会遇到这样那样的问题。

觉得别人的家庭条件比我们好，说白了就是别人有钱，所以有更好的生活。再或者别人长得帅、漂亮，靠着那一身皮囊就能够敲开岗位的大门，甚至我们还会在背地里猜测，她那么漂亮是不是让老板揩油、占了便宜才得到那样的位置。或者别人能通过走后门、攀关系的方式得到自己可能要努力很久才能得到，又或许无论多努力都得不到的东西。

我们的一生会接触到很多的人。那些人里面，无论是工作、学习、行为处事，你会看到很多别人的行为规则，那是他们的人生。或许别人有钱，或许别人漂亮，或许别人有关系，那都是别人的人生，别人的选择，你的人生是属于你自己的。很多人因为别人有而自己没有陷入一种疯狂，会感叹不公平。这个世界本身就不公平，你感叹的不是这种差异，你心里面默默痛恨的是自己站在了这种不公平的弱势端。当你站在强势那一端的时候，或许，你也会很喜欢这种不公平。可那样比较下的人生是活给自己的，还是活给别人看的？

我们常常拿别人当作自己人生的标尺，我们会觉得希望自己成为成功的人，男人就是要有钱，事业有成，要高富帅；女人就是要漂亮，要像一个妖孽一样呼风唤雨，或者能够驾驭一个强大的男人，等等。我们总是在拿那些别人有的成绩或者别人的行为方式来度量自己。别人都成绩好进名校，出国留学，而且你看到了很多这样的人，你会想自己的路也要是那样，你会想自己成绩不好是不是自己的问题。

但你也可以像那个靠自己能力，哪怕尿尿都能尿出火腿肠味道的男孩一样。最后的成功是按照你自己的准则来的，不用怀疑自己的行为是不是会违背自己的准则。你要变成别人，很难；你要憎恨别人，很容易；你要用自己的方式获得成功，很不容易，但最后你会很快乐。你的人生，从来都是属于自己，每一步都是按照自己的方式在行走。对自己多一些要求，你才能在自己的路上把人生过得更好。

你的梦想不应该在别人的
嘲讽或者奚落里偃旗息鼓。

part2

摆在我们面前的路从来都不只有一条，
换个角度也许你能看到不一样的道路。堕落
颓废太容易，人生短暂，只有在不断的折腾中，
才会发现原来自己的生活还有那么多的可能。
这大概就是我们活着最大的动力和意义。

沉淀之后，才能展翅飞翔

偶然在网上看到一个段子，一度试图考证其来源，不得，姑且当作故事来看。

说一个少年，十分崇拜和喜欢钱钟书、杨绛夫妇。高考结束，等待录取通知之际，便试探着给杨绛先生写去了一封信。一表崇敬，再是倾诉一些人生苦楚。十八岁的少年在信中说尽了自己的困惑和疑虑，对未来的迷茫，究竟是出国留学还是继续升学云云。

没想到年迈的杨绛先生在百忙之中给少年写了回信，除了对晚辈少年的鼓励之外，她在信中写了一句话：你的主要问题在于读书不多而想得太多。

你不得不说，这句看似"万精油"的句子就能在一瞬间触动到内心深处。和朋友聊起此事，说这究竟是网友编的心灵鸡汤段子，还是真有其事？朋友想想说，你别看，这句子还真很有道理。常常我们都流于表面地想想，把未来想得太美好或者想得太艰难，以至于不去付诸行动或者举步不前。自以为想得多，就能够做到，可到头来也只是想想。

我们究竟是有多久没有为自己的内心去拼尽全力努力了？

朋友说了个故事，说上一次那么拼命地努力追求大概要追溯到初中的时候。

中考临近，模拟考试很不理想。照着那个趋势，他都不知道能上个什么样子的高中。班主任因为怀孕，而把他们交给了一个新接手的班主任。新来的班主任很喜欢那些读书用功、成绩稳定的学生。对他则是各种看不惯，成绩不好，还上课看小说，连很多基础的科目成绩都很普通。之前他一直是班里的班长，每天都要在黑板上写班级日志或者值日表，老师看他的眼神都是一副"你是怎么当上班长的"惊诧。

那时候他自己也不知道前途在哪里，妈妈到学校去找班主任咨询，孩子应该怎么定位后面的高中生活，该填报哪所学校。老师露出一脸鄙夷，不屑地说："我知道你们家孩子想上省重点，哪家的孩子不想啊，可你看你们家孩子，他怕是跑着都很难赶上啊，估计交几万块择校费还不知道学校愿不愿意收呢！"

他妈妈深受打击，回去对他是一番责骂，把老师的话摆了出来。可毕竟是从自己身上掉下来的肉，责骂完了之后，妈妈用了好长时间去鼓励他。妈妈还找来读过书的亲戚、有学问的朋友，给他打气，帮他联系补习班，看能不能临时抱佛脚。

他也从对未来的绝望与无望里，看到了一种突破的可能性。他说那段时间，估计是过去的二十多年里，最努力、最拼命的时候了。那时候也顾不上什么绝望，就想读书，不想像小镇上的那些孩子，初中之后便去广州、深圳打工，再就是想给看不起他的老师一记闷棍，让她知道他不是那么无用的人。与其陷入对未来的无望，还不如脚踏实地地面对当下的问题。

他每天都很早就起来看书，在书桌前努力地看重点，把那些错题拿出来反复地看，那时候有很多的参考书，他把自己不擅长的地方，找到参考书同类题目归纳里，反复地练习。他都不知道那段时间是怎么过来的。时间很快，而且悄无声息。真正为着一个目标努力的时候，是一种很兴奋，像打鸡血的状态，但内心深处却是心如止水的平静，就想着怎么才能够把那些不会的地方都掌握了。

朋友说都快忘记考试的情形了，无疑最终的结果是出乎他和家人意料的，尤其是出乎他们班主任的意料。他以高出省重点十多分的成绩被录取了，而且还进入了重点班。那个班级里多数都是他们附属中学升上去的精英学生。和那些牛人在一起的时候，也对他后来有着很大的帮助和影响，大家都在一种共同追逐梦想的环境里相互竞争。

当时年少，他说好想回去在当初看不起他的老师面前得瑟一番，最终中考完的那个暑假，沉浸在喜悦里的他也渐渐忘了回去"报复"老师了。

再后来，渐渐地好像那种努力的劲儿就被折腾的疲倦了。人越长大，就越惶恐，惶恐未来，惶恐各种压力。他说，感觉那次的努力真的非常用心，就算高考之前都没有那么真切地感觉到像在为着一种让人充满光环的目标在奋斗。进入工作状态之后，好像人都失去了目标，只剩下惶恐。我一边说着惯常的大道理，说工作以后的人生难道就不是人生了吗？现在和你读初中的时候是完全一样，只是换了个方式、换了个环境而已。可说这些话的时候我心里面也很没有底气。

歌里都是那么唱的，"越长大越孤单"，其实越长大压力就越大，我们承担的责任也就越重，以至于我们在考虑未来的时候，从内心深处总是给自己设置了太多的局限。有时候，很容易就怀疑和否定了自己的判断和方向，还会在心里默默告诉自己，这是自己经过深思熟虑、理性判断的结果，所谓的理性不过是让我们越发地恐惧未来。

杨绛先生那句话：你主要的问题在于读书不多而想得太多。真的只是在说读书吗？未必。《我们仨》里有段内容写得让人戚戚，百岁老人杨绛看着他们从小宝贝的女儿死在自己的面前，让一个老者面对这些，太过残忍。看得也让人难过。然后总会觉得，像杨绛先生这样的人，应该是会比我们思想境界高，或许比我们更能看得开。其实殊不知，我们在不知情的情况下，把她神化了。她也是普普通通的女人，是一个母亲。她能面对的，不过是自己的经历给自己的人生厚度带来的坚韧。这种坚韧应该就是"读书太少"的反面所要表现的东西。

有个句子大家都很熟悉：要么读书，要么旅行，身体和心灵总有一个要在路上。大概说的就是经历之后的沉淀，沉淀之后的再出发。你不能去体会千百种人生，但你可以从阅读和经历里，让自己沉淀，这种沉淀是一种积累，是一种推动你向前的力量。多读书，少想，多做，大概也就是这个意思了。

下面我再讲个小小的故事。

曾经有个热爱文学的少年，他一度想成为一个作家，于是拼命地写作，甚少地去经历，读得也不算多，只是一味地写，凭空从少少的观察或者电视剧的启蒙中找寻故事和人生的模样。那时候正流行青春小说，80后作家们都崭露头角了，他们比他大不了多少，他爱写作却看着别人已经比他先一步成功了，自己也就像是嗅到了市场的热点。

于是他开始学着写青春小说。他写了好些青春小说之后，转眼进入了大学，感觉青春小说好像不那么火了，就开始读到路遥，读到余华，读那些乡土的或者先锋的小说，然后又开始在模仿那样的方式写小说。他还在某个阶段模仿了悬疑恐怖小说。

一直在模仿，一直在追逐别人的步伐，这个过程中也通过阅读发现了自己的不足，觉得自己永远都追求不到一种极致的完美的写作方式，每一种写作都有它的读者。他开始惶恐，觉得自己不可能成为一个完美的作者，能擅长写所有的东西。那么多年的模仿，他的电脑里也积累了很多作品，可那种追逐和疲倦让他恐惧，从来不敢拿自己的稿子去投稿，只是在小范围里让同学朋友帮忙阅读批评。

他害怕这个世界对这么多年自己没头没尾的追逐表示否定。他把那些小说尘封在电脑里，后来再也没有拿给别人看。他追来追去，从来没有真正认真沉淀属于自己的创作方式，到头来就是不断的失望。思考什么才是他的写作方式。

这个少年，就是我。曾经的我一度陷入到那样的迷茫与困惑当中。从来没有好好地阅读，好好地体验，好好地沉淀属于自己的笔墨，只是觉得看到了别人的好，看到了别人文字的力量，或者别人文字对市场的把握，就一度去追逐。可从来没有想过，如果真正作为一个热爱文字的人，应该在文字中找到一条属于自己的路。飘在空中的写作方式，让那段时间的自己陷入了混乱。

后来索性停笔了很长一段时间，开始不断地阅读，不断地看电影，不断地在别人的人生和经历里去丰富自己单薄的人生，一次次地触摸人生的可能性，也触摸自己文字梦想的可能性。到头来，所有的文字各不相同，却都那么相同的是真实质朴，触动人心。

做媒体行业以来也认识了不少的朋友。

有个朋友，还在念大学。他说高中时候的经历和思考，我觉得非常有道理。

他说那时候的他面对高考，时间紧迫，看小说变成了自己的一种享受，越是忙不过来好像越要抓住可能的时间阅读，现在反而闲了很多，反而却没有那个时候看书的执着劲。那时候经历的少，想法也简单，就想在阅读里找到一个类似《爱丽丝漫游奇境》的神奇世界。他说那时候，每看完一本有力量的书，就感觉对生活里的事情理解变得轻松了，那时候读书比较多，至少相较同龄的高中生要多很多，都被称为小才子，不过是他能够从那些书里找到冷静的力量，当你告诉别人你的想法时，别人会为之震撼，觉得你的说法很棒。

你阅读少，经历少，就算怎么告诉自己没什么了不起的，可是你还是很难达到。不够沉，整个人是飘起来的。只有在经历里面沉淀，才能在沉淀里和梦想靠得更近。多读，少想；多做，少说，你才能踏踏实实地为自己的梦想拼一把。

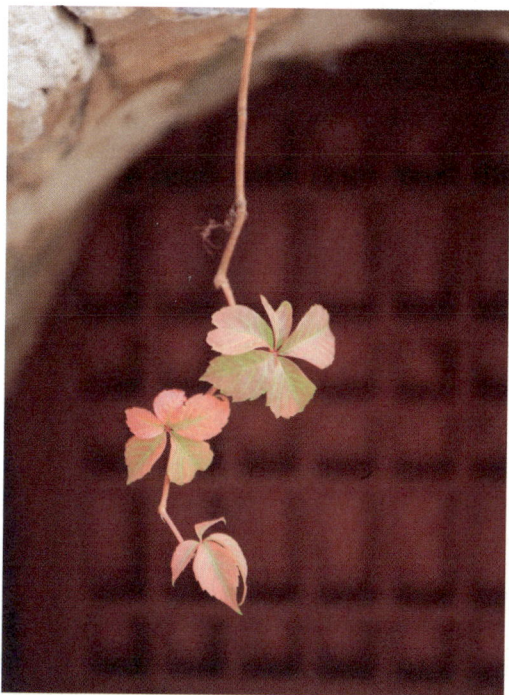

多读，少想；多做，少说，

你才能踏踏实实地为自己的梦想拼一把。

我命由我不由天

你相不相信命运？我不想传道。但下面要讲一个好像和命运有关的故事。

我上小学六年级那年，我表哥上初二。我和表哥关系一直很好，从小一起长大。表哥的父母在他很小的时候就离婚了，舅舅一个人把他带大。在那样的小乡镇里，大概仍然不是所有人都像我父母那样，希望孩子能通过读书的方式来改变命运。他们让孩子读书大多也都是因为别人家的孩子都在读书。不知道我舅舅是不是这样认为的。

那时候流行读技校，当时技校是一种挣钱捷径，能提早地进入社会，开始担负起家庭的重任。很多男孩女孩初中毕业，没有继续升学就结婚了。没到法定结婚年龄，办几桌酒席，男孩女孩双方的家长同意，宴请了各方亲邻就算礼成了。然后早早地为祖国造了下一代，把孩子丢在乡下给父母照顾，小夫妻们就去沿海城市打工了。技校毕业的，握着一门技术也都早早地进入社会，那时候好像比较流行钳工、焊工、车工之类。

小乡镇的节奏缓慢得好像蜗牛在爬行。同学之间打打闹闹很正常，被欺负的时候，常常都会很傲气地说：你们信不信，我喊我表哥来收拾你们。可生性老实的我，从来没有敢喊表哥参与我们小孩子的战斗。

我和表哥的关系好到什么程度呢？记得有次表哥从中学到小学找我，让我把饭钱拿出来，和他的饭钱一起，我们在小镇上买了一瓶劣质的红酒来喝。多少钱也不记得了。那时候，我根本不知道什么叫红酒。但表哥说，我也就毫不犹豫地把钱给了他，那天我们喝完红酒，各自回到学校，我一边晕一边吐，在教学楼的转角遇到老师时，都不知道我究竟干了多疯狂的事，而且那时候已经上课了。

也就是在那年的某一天，我回到家里，妈妈告诉我，舅舅出事了，被炸死了。

舅舅在县城里一个矿上工作。因为矿长老板的儿子贪玩，把放炮的电闸给扳了上去。电闸通电，把刚好在矿井里装炸药的舅舅给炸死了。那天妈妈叫我留守在家里，她和爸爸都去了舅舅家。那时候我不知道表哥究竟有多难过。那天晚上我一个人在家里，黑漆漆的夜，开着仅能收到两个频道的黑白长虹电视，给自己壮胆。房间里的灯通宵亮着。

多年后，我读到吴念真先生的文章，吴念真先生从小生活在矿上，他爸爸是淘金的矿工。那时候矿上经常传来消息，说某某家的男人死了。然后老师都会突然地出现在教室门口，以一种很沉重哀伤的语调说，某同学，你爸爸出事了，赶紧回家送他最后一程吧。那时候的他们，小小年纪，感觉老师总是带来可怕的消息。不知道舅舅被炸死的时候，是不是老师也那样幽幽地出现在教室门口，把表哥叫了出去，告诉年少的他如此恐怖的消息。

后来，我才知道当时的情形。外婆家族里，有找人专门算过命，包括舅舅已经死掉的两个孩子，都是因为什么地基之类的东西。那时候的人们非常相信算命或者命理。或许今天仍然有不少人会相信。命运似乎是个说不清道不明的东西。

那时算命先生还说，表哥不能活过二十岁。

十五岁的表哥失去了爸爸，还被告知活不过二十岁，这是多大的噩耗！或许晴天霹雳都不能形容那样的震惊和伤痛。

矿上赔了表哥家里很多钱，表哥的妈妈离开，爸爸去世，钱都交由姨妈照管。从此表哥便跟着姨妈过，家里徒剩下外婆。从那以后我很少见到表哥了。初中毕业之后的他，便去了技校。在技校的那段时间里，他拼命地挥霍。和朋友一起出去吃喝玩乐，他爱打桌球，那时候网游开始流行，然后就去玩网游，短短的几年里，他把矿上赔的钱挥霍一空。

他脑子里反复响着算命先生的预言。他活不过二十岁。

随着年岁日渐增长，二十岁就像是一个恐怖的界限，谁也不知道在那之后会发生什么。

可当二十岁到来的时候，表哥完好无事，二十一岁、二十二岁、二十三岁……

你猜后面怎么着？是的，什么都没有发生。

恐惧了五年，把舅舅死亡赔偿的所有赔款挥霍一空，只为一个可能真实、可能虚假、可能什么都没有的命运预言。他足足害怕了五年。

我们常常会觉得自己特别倒霉，觉得生活欺骗了我们。我们被老板要求写个工作方案，反反复复地写，反反复复地改，最终还是被打回来，被认为是狗屁不通；做个采访外出，明明记得相机充好了电，可到现场的时候才发现相机根本开不了机；或者逛街钱包被偷；走路都可能被楼上的花盆砸到。我们觉得自己的运气太差了，这似乎是命运在捉弄我们。灰心丧气，一蹶不振，对自己的未来充满了惶恐和不安，就像那五年里我表哥经历的感觉。

　　可表哥要面对的预言是五年之后的期限，过了那个期限，他知道当初那个恐吓他的算命先生不过是个江湖骗子。而在我们的人生境遇里，没有那么一条终点线，让我们觉得，从明天开始，我们的运气就好了，所以我们常常沉溺在一种无望里，自我发酵成一种悲观失望，觉得自己运气总是很差，做不好事情我们总会想到是自己倒霉。很少会想及，我们是不是要换个心态、换个方式来面对工作、生活、学习、感情……

　　小时候看电影《太极张三丰》，入了歧途的天宝和君宝做最后的反扑时，说出了一句很有哲理的话，他说：我命由我不由天。不过这句话最早不是他说的，而是个北宋时候的道士说的。这句话很有意思，我们的命运从来都是掌握在自己的手里，而不是上天。你的生活怎么样，人生怎样，事业怎样，爱情怎样，都像一只蝴蝶，每一次扇动翅膀，都可能影响到你后来的发展，面对这蝴蝶效应，得看你以怎样的心态去面对。是等死，还是积极地应对，或者说反抗。

　　延参法师这个萌和尚特别爱逗乐，却充满着十足的正能量。他出了一本书，叫《这都不叫事儿》。我觉得里面有句话说得特别好：不管命运的故事如何向前发展，保持心底的那份平静和愉快，生活的内容里免不了鸡飞狗跳、唧唧歪歪，这所有的一切只能说明生活更生动，并不是悲情。百年能有几多时，何苦眉头展不开？生活的路是曲折还是宽阔，就在于内心世界的简朴还是矫情。

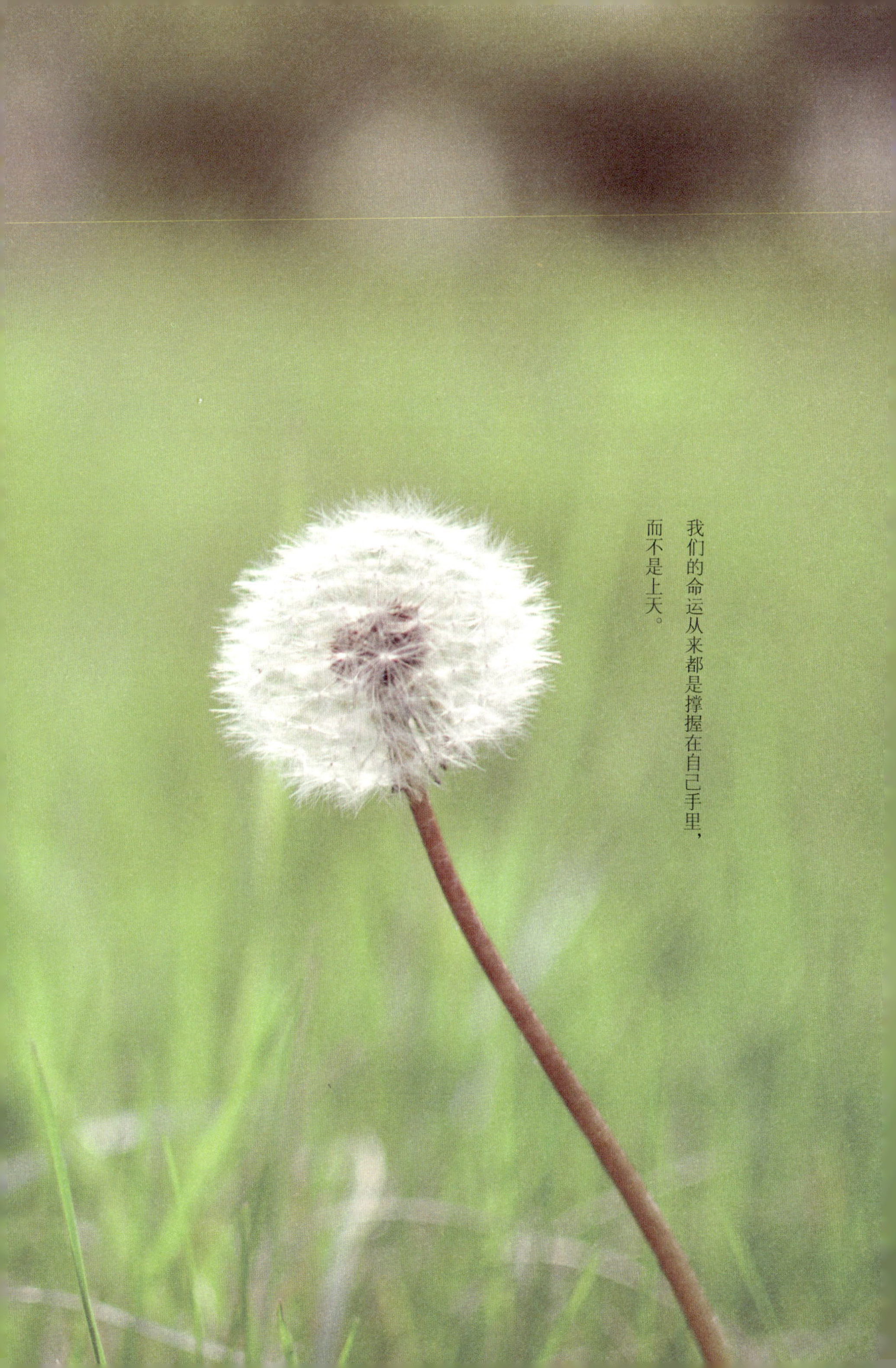

我们的命运从来都是撑握在自己手里，
而不是上天。

静下来，才能找到出路

妮子突然在 QQ 上对我说，她参军去了。现在在新疆。

颇让我有些意外，她不说话，都想不起来她去了哪里，好像消失了很久很久了。偶尔想到她，都会想，可能已经谈恋爱了吧，或者悄悄嫁人了。像她那么漂亮的女孩不愁没人追，而且她是那种看起来漂漂亮亮，但却总感觉没什么想法和主见的女孩。这种女孩要追求，大概是容易的吧。

大二开始，我就泡在校园论坛里。那会儿，BBS 还没有彻底没落，至少在学校那样的小圈子里没有真正没落。一直玩到大四，就像老油条，说起话来偶尔愤青，偶尔低俗。总爱调侃学弟学妹，主要是学妹。

那阵子，论坛几乎就成为校园里大家互相联系的公共平台。熟悉的 ID 开个帖子，大家都会顶贴。朋友们经常会约着一起去学校旁边肮脏的一条街上去吃干锅。那条街处于我们学校和隔壁的大学中间，一条斜坡蔓延得很长，道路的两边甚至所有支路都是吃的，以及各种低档的 KTV。

那条斜坡，被我们叫作"堕落街"，仿佛就要从那坡顶一直堕落下去。吃的虽然大都卫生条件堪忧，可味道和价格就是学生心目中的王道。

大四的时候，认识了妮子和那一帮 2009 级的小少年。他们是 90 后第一批大规模进入大学的吧。少年们很快就和我们这群"老人"在论坛上混熟，相比之下在我们读大一的时候，却觉得大四好像是个遥不可及的群体。

妮子是那个群体里很漂亮的一个学妹。唱歌很好听，尤其是唱丁当的歌，声音简直惟妙惟肖。

你从她脸上的表情就能看出，她一直是个特无所谓的姑娘。整个人呆呆的，没有特别的爱好，也没有特别的追求，谈不上梦想，每天无所谓的过着。论坛上有活动，就跟着大家一起出来，约饭局或者唱KTV。大家说唱通宵，她也会陪着我们通宵。我们大四的时候，觉得要消耗掉最后一点青春余温，可妮子过早地在大一就过上了像我们大四的生活，疲软而没有生机。

大学里混圈子是很危险的，尤其是学长学妹、学弟学姐。有个学弟爱上了我一个要好的朋友，还有个要好的朋友和学妹好上了。妮子却总是一个人，1990年出生的姑娘，却像对恋爱没有激情。只是经常跟着我们一起玩。她的那种没激情，大概在外人看来是有些高冷，没有人敢追求她。

农历马年和羊年更迭的年终。农历新年来得比往年任何时候都晚，阳历2月下旬才是新年。

我们都已经走进了2015年了，却还在做着2014年的总结。

在新年来到前，我们赶着时间在年前出新一期杂志。

那天下午我正处于焦躁的状态下，妮子在 QQ 上突然出现了。

她说她去参军了。

在我的想象里，年纪轻轻、漂漂亮亮的可爱姑娘怎么都是不会参军的吧，大多数漂亮的姑娘应该对那神圣而艰苦的身份是拒之千里的。美丽，总是娇弱的。谁会想到就是这么一个爱笑的姑娘，唱起歌来的时候，所有人都要点赞的姑娘，突然成为了军中绿花。

突然收到一个很久没有联络的漂亮学妹的消息，也颇有些惊讶，于是就聊开了。

她说她在军营里，很少有机会上网。我看到她 QQ 头像旁边，有个小小的手机图案，她是用手机在上 QQ。

我问她，是怎么想到去参军的呢？她发了个微笑的表情说，我刚来的时候是怎么想的，自己也不知道，不过待了一年多，好像渐渐知道了点什么。大概就像是人处于一种不知道该怎么办的状态的时候，都会选择去旅行或者留学那样吧，你总想找一件事，去摆脱那样困惑迷茫的状态。总感觉自己好像浑浑噩噩地过了好久好久，漫长得像是要把青春期过成一辈子。突然就想来参军了。

当时总想找件事做。参军之后，漫长的一段时间都很苦。但是疼痛和辛苦，会让一个人感觉到的自己身体的存在。她说，那段时间有种变态的快感，肉体感觉很难受，却像是终于找到了自己在哪里了。

她说参军之后的生活非常地单调。单调得除了训练和偶尔的休息，你会感觉你的生活就只有一件事。那种专注一件事的感觉，让她特别有成就感。以前自己从来没有那样的感觉，总是在一种混乱的生活状态中，别人干嘛，自己就干嘛。

然后她说，在军队里做了一件大学时候就应该做，却一直没有做的事情——看书。大一的时候就和我们一群老油条玩，提前过上了老油条的生活。自己也没有看什么书。好像只是喜欢沉浸在唱歌的喧闹里，唱歌让她特别有成就感，好像那个时候她站在喧闹的舞台中央，是有被认可的感觉。妮子说，那种感觉就和刚进军营的那段时间，被痛苦折磨的感觉很相似。

她看了很多的书。除了训练，除了站岗，除了集体的休闲时间，剩下的可以打发的时间相当有限。根本没有机会唱歌，别说唱歌，连上网都没有机会。偶尔给家里打个电话，然后就是短暂地开下手机上 QQ。慢慢地就跟着战友一起去了图书馆。在图书馆，她像是发现了一个久违的另外的世界，像爱丽丝漫游仙境一样。

她说看了很多书，看了路遥的《平凡的世界》，觉得那样的生活简单曲折，特别质朴而动人；看了褚时健的传记，老爷子的一生可真是够励志的；最喜欢的可能是《小王子》，薄薄的一本书，却讲出了温暖的人生哲理。

除外，她把大多数时间都用于发呆了。

她说，你知道吗？从来没有觉得发呆那么有意思。参军之前，整个人特别浮躁，只是想和大家一起玩，拼命地玩，拼命地熬夜，通宵唱歌，好像只有这样才会让自己特别快乐。一旦静下来，人就特别地恐慌，总想找点事情做，来填补那些空白。

　　现在觉得，发呆是一种思考，一种很安宁的状态，一种可以把看过的书中那些写的故事拿来回味的过程。空想或冥想的时候，反而觉得特别有收获。觉得以前的自己过得太浮躁了，从来没有时间和机会和自己相处。静下来之后，觉得自己想明白了很多事情，她说以后想开一家店，做实体服装生意，然后顺便做网店，如果做火了，再找个人帮忙，自己再去找一份导游之类的工作，接待各种外地来的游客，跟着走一小段一小段的路，认识一些人，和一些人聊天，感觉那样的工作特别舒服。虽然说，知道开店也好，做导游也罢，都没有自己想的那样顺畅，可还是会愿意去尝试。

　　当然妮子在QQ上找我说话，并不是想要说这些。只是我这"老人"，问了她很多很多的问题之后，她不得已一边发着害羞的表情，一边回答我接连不断的疑问。

　　她说等回来之后，找时间一起聚聚，一起玩，一起吃饭。

　　我说好啊，问她两年兵役应该快结束了吧。随时欢迎她回来，一起约出来玩。

　　正说着，她 QQ 头像黑了。或许手机没电了，或许她的休息时间结束了，收到了临时任务……

　　和妮子聊天，感觉这姑娘像是变了一个人。参军之后，让她整个人都脱胎换骨了。聊天之余，你会发现她爱笑，感觉就是文字也在笑，有时候她说起自己的经历和思考时，害羞的表情你会感觉她是真的在害羞。她说起她在军营里，很多时间都在看书，看各种觉得特别有意思的书，像是一种久违的对话一样。说她结束军旅生涯之后，自己想开店，想做一个和很多人交流的工作。

所有她经历的，她想象的，都和她过去的生活完全不同。

是的，有的人生活遇到困境，走入了死胡同，选择了考研去另一座城市读书，选择了留学去另外一个国家游历，选择了旅行去不同的古镇、不同的山川湖海睡不同的客栈，放松感受不同的可能。妮子只是选择了一个更艰苦、让人有荣誉感的环境，让自己专注地去做一件事，去达到一个个目标，跑几千米，负重多少，站岗多久，实现不同的目标会有一次又一次的快乐。安静下来之后，发现告别了喧嚣，反而找到了自己。

或许你有很多种方式可以选择让自己安静下来，旅行、留学、读研、参军，它们都只是一个让你告别这喧嚣尘世的途径，他们不是生活本身，也不可能成为生活本身，但它能给你一个无限安静的环境，让你在轻松与快乐里，找到人生的多种可能，找到动力去面对烦恼或者迷茫的青春。

有些故事，不必讲给所有人听

不知道你有没有这样的感觉，越长大越孤单，越是孤单就越敏感，在无数个夜里总是会有睡不着的片刻，会想起很多琐碎的往事。那些往事在脑海里萦绕，徘徊不去，甩甩脑袋想把它们拨开，却越发地强化了那些记忆。

之前看了篇文章，说他们同学十年聚会，大家都变了样。大家都坐在教室里，相对无言，就那样默默地坐着，上一秒还在调笑，下一秒就陷入了僵硬。

113

有时候，特别讨厌自己文艺青年的调调，看一部电影莫名其妙地就会哭泣，听到一首歌就会想起一些往事。有一天，突然被拉进了小学的 QQ 群，里面有好多陌生而熟悉的名字。曾经班级里讨人喜欢的姑娘在 QQ 里说，你们觉得我们六七十岁的时候还能不能认识对方？另外一个女孩说，应该可以吧。

我的自卑和文艺青年气质就是从小学的时候开始渐渐萌芽的，开始知道会喜欢一个姑娘，开始发现自己有很多不足，于是陷入了情绪的自我折磨和强迫症似的凡事都要追求完美。

后来，中学开始早恋，喜欢上一个姑娘，彻底把我打入了自卑的行列。但梦想的感觉也愈发强烈地萌芽了。觉得只有自己做出点儿惊天地泣鬼神的事情，才能让别人看到我。那时候开始拼命地想表达自己，开始写很多乱七八糟的文章，渴望自己的声音被人听到。

在小学 QQ 群里，我很少说话，但却常常在一旁默默地看着他们聊天。他们有的人当老板了；有的人在建筑工地上承包工程；有的人在开出租，晚上经常熬夜加班；那个生了孩子的可爱姑娘，当年信誓旦旦地说自己不要当老师，最终她还是站在了三尺讲台上；他们还说起 L 姑娘，我记得她，安静又特漂亮，曾经成绩特别好，后来毕业前夕因为压力过大，精神上生出了疾病，后来住院好久好久，休学、复学、反复考研终于进了一所大学，继续念书。我们每个人都在走自己的路，只是为了心底的那份动力，无论是被生活逼迫着走，还是自愿朝前走，我们都在朝前走着。

自卑的反弹力，让我一直拼命地想让自己发光，希望被人看到，却从来不敢声张，梦想就像是被吹大的肥皂水泡泡，轻易的声张就会破裂。

我很少跟别人说我的文学梦。自卑的性格让我虽然写了很多文字，也只是孤芳自赏，害怕给任何的媒体投稿，害怕自己谨小慎微的梦想，唯一可以发光的途径，被人轻易地判了死刑。

大学之后拼命地写东西，拼命地投稿，拼命地获新闻奖，不过是为了填补自己内心深处深深的孤独与恐惧，我害怕自己被这个时代的洪流席卷得毫无翻身之地。其实我一直知道，在这个时代的洪流里，我们不过是沧海一粟，但就算沉入海底，也该拥有一片属于自己的土地，我们肯定会在这庞大的社会里找到一个岗位安插我们的人生。不管那个位置是不是我们曾经期望的，我们都在实现的快感或者没实现的怨念中，挣扎着过完自己的一生。

大一的时候，班长是跟我很要好的胖子。他曾经举办了一个活动：大一下学期的时候，同学们经过一个学期的磨合，相互对对方都有个粗略的认知，胖子要我们在全班同学里选出各自心目中"最帅的男孩""最漂亮的女孩""最幽默的人""最具异性缘的人""最具才华的人""最搞笑的人"……

当时我们都参与得很欢乐，总想在投票名单里找到自己的名字。最后寝室的小白像杀出的黑马，获得了多项大奖——"最幽默的男生""最具异性缘的男生"。他后来还和班上最漂亮的女生走到了一起。然后我们都在各自的人生路上，走出了彼此不同的生命轨迹。小白在重庆和成都的公务员系统里挣扎了几年，来来回回，考这里考那里，总是没能如愿，最后，也终于落得圆满，在成都交警系统里做了个小官。而当年最漂亮的女孩也嫁给了一个控制欲很强的男人，过着深居简出的生活，带孩子操持家里。

而当时的评选里，我获得了两项提名。其中一项"最有才华的人"，这个评选好像是当之无愧，却又让我诚惶诚恐，从来不愿意在朋友面前说自己的梦想，但大家都知道了，那种恐惧在我心里的折磨感变得更强了。

少年时，一直特别卑微，希望通过写作的方式，让自己的虚荣心得到满足，自己的梦想实现了，也能够让更多人看到那个内心深处卑微的少年是如此地拼命努力，好像只有这样才能获得这个世界的认可。到底，不过是我内心深处的孤独感在作祟。

高中的时候，短短的三年过得并不顺遂。班上几个艺术女生特不喜欢我，也不喜欢我的好友老杨，时至今日我都不知道为什么，还是自始至终不过是我内心深处的自卑感在找敌对的力量。好想在歌词"冷漠的人，谢谢你们曾经看轻我，叫我不低头，更精彩的活"里面找到共鸣。

后来签约了几本书之后，带着某种寻求存在感的方式，在群里告诉了高中同学，有个姑娘第一反应是：终于还是等到这天了啊！好像她一直就知道我会有这天似的，而且好像知道了很多年。

孤独，有时候会让自己特别地害怕，常常加班到很晚，出来天色都已暗淡，看着模糊的天光，总会有种被流放的感觉。在路灯下，踩着地砖的纹路，找寻回家的路径，心里面的梦想一直在不断发酵。

在整个传媒业走向下滑路线的背景下，我对于工作仍是特别努力。拼命做团队里最努力、最优秀的那一个。后来差点儿被主编推举去了其他岗位，升职加薪，同时也意味着压力会无限加大。不过辗转，那次机会就错过去了。虽然心有不甘，不过又觉得自己的能力尚不足以顶起一个团队、顶起一片天，不管是一本杂志也好，还是一个项目也罢。

公司激励员工做创新项目，掏钱给大家创业。在纸质传媒业下滑的当下，公司也在寻求着新的盈利增长点。不同的部门都在千方百计地想尽办法，而我心里面也有很多想法，想策划几本书，也还想给社长提请做一个影视部门，做文字工作的最不缺的就是故事，而故事最能转化成经济增长点就是影视改编。可是想了很多，仍然是不敢去敲开社长办公室的大门，觉得要做出一个完整的方案之后，才能更勇敢一点，在那之前唯有默默地拼命努力。这种默默表现在很多的地方，比如屡次被主编砍稿子顺延到下期，稿费被减少，也不敢说什么，或者就是采访了作者，寄样书的时候发了顺丰快递，只是默默地掏了快递费不敢向公司报销，有时候想想觉得自己特孬，但默默地在路上走得久了，反而习惯了一个人追逐的那种感觉。

一次，偶尔在地铁站碰到要好的朋友，欣姑娘。她在那一边关心我一边骂我，让我很多事情自己要上心，别自己闷着。被朋友骂的那一刻，觉得特别温馨，甚至想哭。一个人默默地在人生的轨迹上找了很多的无形"对手"，无疑那些"对手"最终不过是内心深处的阴暗面。在不断地实现梦想的路上，自己和自己较劲，想以这样的方式来换取身边朋友的肯定。

到头来，发现自己渴望的或许并不是那种肯定，只是想找一个理想状态下的自己。而这一切都是源于自卑的自己，不断和生活较劲的过程。拼了那么多年，再过两年就快逼近古训里的"三十而立"了，有时候真不知道要拿怎样的一个结果来给青春一个交代。

那天被拉进小学同学 QQ 群，后来看了一篇关于大学十年同学会的文字，差点儿哭了出来。想起自己大学毕业时，大家在一片嘈杂中互相碰杯，最后悄然离开，没有人提出来我们五年、十年之后是不是要再聚在一起，重新看看当年出发时的我们究竟怎

119

么样了。大学寝室里几个要好的朋友，他们一直都知道我特别拼命，也知道我这人不善于喝酒、不善于应酬，每次大家聚在一起的时候，总是口无遮拦地攻击着对方，但到最后他们都不忘关心这个内向的我。都劝我要好好学着圆滑一点儿，学着和这个世界以世俗化的方式相处。

我知道，他们是真的关心我的。前不久，要好的小学同学结婚了，邀请我，我不敢去，害怕见到当年的朋友，害怕见到那个小时候一直保护自己不被其他同学欺负的小伙伴。我也怕见大学寝室室友小白、行行。怕很多事情，不过是不甘心于平凡，不甘心默默无闻地过完一生。

在理想面前，一直特别较劲。一直觉得，只要拼命一点儿，再拼命一点儿，就能触及到梦想的模样。当我回头的时候，发现自己在期望的轨迹上已经走出了很远的距离。虽然未来依旧还很遥远，但我仍然在那条路上继续坚持。一直不敢把梦想告诉朋友，默默地向前走着，有时候是想

给朋友们一个更光耀的答案，到最后兜兜转转不过是发现自己在和自己的梦想较劲。你的价值，你的努力，朋友们都会看到的，就像他们一直知道我期待自己能出书，就像他们知道我爱写作，我是"最具才华的人"，默默较劲那么久，想要的不过是给自己一个更好的答案。

你以为天要塌下来了，其实是你站歪了

很喜欢听歌，偶尔还会去买 CD，即便现在已是动动鼠标就可以在电脑上下载的时代。我很少说及有一段电台工作的经历，确切地说，应该叫见习阶段。那段时间，我学会了很多以后都没有用的技能，却也见识了一个有用的态度。

大四和一个女孩一起进入到重庆某广播频道，新毕业的学生对未来有着满腔的热情，却也有着万般的恐惧。都知道，大学是一段无比美好的时光，没有任何压力，甚至只要你愿意，完全不用考虑明天和未来。

在电台里，我被分配到某个逗乐节目，做文案和音频。而那个女孩，被分到一个很艰难的岗位——她要去做马路天使。电台式微，大多数听众都是私家车主，渐渐很少有人会去听收音机。电台频率的主要对象也都盯准了私家车主。

女孩被电台一位主持人叫去做马路天使，在马路边拦私家车，然后再和电台直播连线，问车主一些简单的问题，然后赠送车主一份奖品。想来也并不那么难，唯一难的就是节目很早，九点要开播，女孩每天必须得更早就要和主持人沟通问题，带着设备到街边去拦车主。

我们每天上午七点就到电台，坐下不久，就看着女孩和主持人沟通。

女孩生性内敛，不爱说话，与其说她那份外派的工作比我这份在办公室写稿子、剪辑音乐艰难，倒不如说对她而言最艰难的是自己。她不擅长和别人沟通，几天下来主持人也发现了这个问题。而外派她出去的第一天，就出了状况。

或许是不出我所料，她会出状况的吧。那天早早的，我到了电台，服务的团队节目主要在下午，所以上午也就写写稿子、剪辑一些音乐。到她连线的时候，我打开了收音机。

主持人流畅地说：那么我们现在来连线马路天使。

然后听到那边的声音是女孩颤颤巍巍地问出了问题，短短一句话被她拉得好长好长，不时还结巴着不知道接下来该说什么。短短一两分钟的第一次连线，想必对女孩来说已经漫长得足够一天，甚至一个月那么长了吧。第二次，第三次，这天接连三次的连线都非常糟糕，糟糕得连我这个新人都听不下去了。

办公室偶尔有主持人在准备稿子，不时也发出几句评价，说这姑娘不适合做这份工作云云。不知道在直播间的两位主持人是何状态。糟糕的第一天外出，就出了这么大的状况，后来女孩回到台里，主持人从直播间出来就发了脾气。

女孩低着头，被骂得很惨。搭档的女主持人说，算了，训话也便停在那里。接下来主持人都在做着自己的事情，而我在一旁看到女孩低着头坐在自己的工位上，一言不发，呆坐了很久。

那一刻，我能感受到她大概觉得整个世界都灰暗了吧。于我，写稿子、剪辑音乐也同样不易，但也不至于被主持人骂得狗血淋头，不断地重写、摸索，有时候稿子送到台长那里，被打回来再临时赶工重写，想来也还算顺利。可被主持人说某个稿子不行的时候，我一样充满了忐忑。

女孩那天下班的时候，悄无声息，像是一个隐形人一样。作为同校学生，平时偶尔还会说句话，那天她不发一言，恨不得在所有人发现她之前，便消失在人们的视线里。第二天，她来了，被主持人要求不去做马路天使，抽调了其他部门的见习编辑帮忙应付。这天的节目做得很顺畅，每一个环节都行云流水，像是要以完美的姿态来给女孩刺激似的。

这天女孩在台里没有接到任何安排，她只是呆呆地坐在电脑前，主持人也没有想要教她一些务实的东西。而我这边，主持人教我用软件剪辑音乐，教我在写稿子的时候找到哪个话题爆点。做完工作之后，我便会拿起桌子上各大音乐公司寄给电台的专辑CD或者单曲。也就是那个时候，我养成了听CD的习惯。或许这种习惯更早得追溯到听磁带的时代吧。

没几天之后，那个我叫不上名字的，和我一起被招进台里的女孩离开了。这还是后来我从服务的团队主持人那里打听来的。那天，我问主持人，和我一起来的那个女孩好像好几天没看到了？他问了马路天使那个团队的主持人之后，说，好像不告而别了。什么都没有说，就再也没有来过台里。

于一个内敛的女孩来说，要做一份和人交流的工作，有多艰难我能想到，只是我没能想到的是，女孩会那么快放弃了战斗。不必去想一生，单单是成长时期，我们就会遇到很多难题，有些难到我们觉得迈不过去，可最终我们还是迈过来了。就像很多少年面对失恋，面对考试的失利，面对很差的学业和无望的未来，想过用死亡来逃避一样，觉得天快塌下来了，好像再也顶不住这繁重的压力了。

我们拥有一万个嘲笑愚公移山的可能，却没有一个面对挡路高山时拿起锄头的勇气。

做了几个月的电台编辑，在临近转正的前夕，主持人问我，能否留下来。如果我愿意，他可以去找台长，帮我说情。他还笑着说，觉得有我在，他轻松了很多。大学学中文出身，没有学过电台的所有作业，对我来说，这是个全新的领域。但在最后的关头，我向主持人说了 NO。

不是我不爱这份工作，这里的主持人每天都只做两档节目，辛苦一点最多不过是要做午夜的节目。工作已经很轻松，还是事业单位，几乎是个铁饭碗。可半途逃走的女孩，那次劈头盖脸的痛骂，和两天的冷落，就让她感觉无力承受，也不知道如何应对，根本不曾想过要像愚公一样，拿起锄头豪气地说：子子孙孙，无穷匮也。觉得压力太大，觉得天塌下来了，觉得似乎非难总会缠绕着自己，怀疑了一切，都没有怀疑过自己所站的位置和视角。

每个人都有属于自己的位置，我们都需要勇敢地去面对和坚持。这里不属于那个女孩，其实它也不属于我，因为从少年开始就在坚持着文字的梦想。在我离开电台之前，那个代替女孩做马路天使的学播音主持的男孩最终留在了台里。那里是他的位置，我相信，就算天塌下来了，他也可以笑着面对。

你的人生，拥有无限的可能

他身高一米九，脸小小的，轮廓分明，身体也比较扎实，以体育生的身份进入了这所重点中学。封闭式的校园里，不管他走到哪里都会成为同学们眼里的一道风景。暂且叫他 F 吧。

F 是篮球生，篮球在他手里就像你看到的 NBA 比赛一样，虽然没有那么传神，但在一所以学习为重的重点中学来说，足以那么神奇。反手扣篮也是很多同学在生活中第一次见到。

他平时话不多，偶尔下课之后会和玩得要好的几个同学开开玩笑，然后就是趴在桌子上睡觉。那么高大的身子，蜷缩在不相称的桌椅里，显得有些突兀，好像是弯成一个 N 型的姿势。教室里大多数人都在做着作业或者复习题。

班主任是个政治老师，特别爱说教，特别爱找人谈话，似乎把有限的生命都消耗在无限的谈话当中了。所以他也特别爱给差生安插特殊位置。

F 坐在了讲台的右边，左边给了一个美术生，黑板左侧电视机下有台饮水机，饮水机旁的座位给了另外一个体育生，教室的后两排也都留给了体育生、美术生、音乐生和一些走后门靠关系进来的同学。

高大帅气的 F，学习成绩太差，差得他根本听不懂老师在讲什么。听课对他来说是种煎熬，只有在运动场上，才偶尔可以见到他青春欢乐的模样，平时更多的是班主任说教的反面教材之一。一开始他上课睡觉，老师还会管，渐渐地他上课睡觉都像是和老师达成了一个相互不打扰的默契。

　　偶尔年级里有篮球联赛，他在比赛中才能显现出闪光的一点，多次带领着班级拿下篮球联赛第一的位置。之后，你会常常在自习课的时候，看到班主任冲进教室，开始对着那些看闲书的同学说，你看你们，不好好学习以后就像 F 一样，考什么大学？有什么出息？

　　他的口头禅是"殊不知"。F，殊不知在你上课睡觉的时候，有多少人已经在努力了。

　　每次说到 F 的时候，不管是直接说他，还是把他当作反面教材，他都会抬起头，看看旁边讲台背后唾沫横飞的班主任。

　　青春期的少年，正是为着梦想向前奔忙的时候，F 心里没有梦想吗？还是被置身在一个大家都以学习为乐的地方，他渐渐地迷失了自己。人常常会有个习惯，会根据环境的情况来不断修正自己，调整自己，以他人的选择佐证自己的行为。

　　大家都爱学习，准备考试，准备上大学，自己听不进去，自己什么都不会，那是不是自己错了？

　　少数服从多数的行为规则，成为随处可见的行为标准，甚至我们未来的路都会因为这样的规则，而被父母家人左右。大家都会带着一副恨铁不成钢的语气说：这是为了你好。

　　那个常常被当作反面教材的 F 突然有一天没来上课了。

　　后来很久都没有来上课了。班主任还说着，你们看吧，这种人迟早要被社会淘汰。

　　渐渐地，F 淡出了人们的视线。直到有一天《重庆晚报》的一则新闻用了半个版面来报道省级模特大赛的前三名顺利晋级全国模特大赛。报纸用了很大的版面发了一张比赛颁奖图，还分别给前三名每人一张特写。F 是分赛区的第三名，成功晋级了全国模特大赛。

　　本来大家都是不看报纸的，一名体育生拿着报纸跑去找班主任。你不是说 F 没有出息吗？你看这是什么？

　　随后关于 F 后来去了哪里的消息便在整个班级，甚至全校传开了。

131

原来 F 去报名参加了模特大赛，接受了长达几个月没日没夜的训练，他从一个有些生涩的高中生，一举成为了模特大赛的获奖者。他开始学着走台步，开始每天对着镜子磨练自己的眼力，开始从一个整天穿着校服的男孩学着时尚穿衣打扮，学会从穿衣打扮里透露出个人的认知和气质。

在接下来的全国比赛中，他没能再次进入前三，但依旧是排名前列的优秀模特。后来跟模特公司签约，成为了一名职业模特，站在了国内外众多时装大牌的 T 台上。

当他站在 T 台上的时候，曾经的同学们还在高三的繁重课业里煎熬。F 站在 T 台上的时候，终于是摆脱了身边一众爱看书爱学习的同学，摆脱了那个把有限生命投入到无限谈话中的班主任，摆脱了那个不断拿别人的标准来修正自己青春，却又发现被修正的过程异常艰难还不是自己所期望的样子。

对他来说，没有读完的高中三年，留在校园里的那些时间无疑是痛苦的，每天都在接受着各种标准的折磨，每天都在忍受着失败和挫折的刀难，每天都在不断地思考自己的人生是不是出现了什么差错。

　　其实，摆在我们面前的路从来都不只有一条，换个角度也许你能看到不一样的道路。堕落颓废太容易，人生短暂，只有在不断的折腾中，才会发现原来自己的生活还有那么多的可能。这大概就是我们活着最大的动力和意义。

　　曾经在一张新闻图片里看到某所高中课堂的画面。黑板的上方写着一句话："人丑就要多读书，人穷就要勤学习"。太多的人把人生都押在了一条路上，你只有通过学习，从小学读到初中，再到高中、大学，甚至后来念了研究生、博士，最后进入了研究院做一名学究，或者学了MBA成为商界的精英。几乎这条路是大多数人或者说大多数父母所期望我们走的人生道路。

　　撇开了学生时代，毕业工作了，我们的人生轨迹又要朝着怎样的方向发展呢？我们似乎只是日复一日重复地在家与公司之间做往返运动，期待每五个工作日过去迎接周末，然后睡得昏天暗地。什么是未来，好像我们很少去想了，升职加薪，迎娶白富美，走上人生巅峰？什么是属于自己的人生巅峰，我们没去想。你是这样，我是这样，我们大家都是这样，我们也忘记了人生的无限可能。有时候，我们觉得工作乏味，却也离不开早已习惯的环境和收入，最终我们放弃了很多的可能，成为了那个整日处于他人法则规约下的学生 F。我们忘记了，其实我们还可能成为一个超模的 F。

越过苦难才能看见彩虹

　　和炫苦哥左扬民相识还是在他成名之后，在那之前，我们是校友，他比我高一级，在学校时，经常见到这帅气的大男孩背着相机在校园里游荡。他不特别爱说话，在校园里捕捉镜头时，也从来都是一个人。第一次见他是在宿舍楼下的阶梯上，那时候他的脸上看不出任何东西，那种沉默和永远与相机相伴本身就是一种执着。

　　后来左扬民成名了。他在人人网上建立了一个相册《炫富的

那么多，哪能有炫苦精彩》，本是自娱自乐，却不料火遍了网络。新华网、人民网、浙江卫视、台湾东森电视台，甚至日本的媒体都找到他，想来那么多媒体的关注，也是因为我们太多的只看到了成功，没有看到他涅槃之前的困难和撕扯带来的痛感。

当我找到他时，他已经疲于媒体的轰炸，因为校友关系，他还是给我讲起了一段自己的经历。

不那么爱说话的左扬民，生性如此，把梦想埋在心里。他和大多数的少年一样，爱着自己的家人，就像爱着自己的相机、爱着自己的梦想一样。帅气的大男孩，学习成绩一直不算优秀，在父母的安排下他填了自己不那么喜欢的专业，他来上学，带着爸爸的旧相机来的。

生活从来都很相似，幸福与苦难，甜与苦总是在不经意间转变。

因为尊重父母，所以他和难搞的考试抗争，一度灰心丧气，觉得自己毕业都很困难。直到那天，期末临近，他提前交完试卷，从考场里出来，偌大的校园里因为有的人在考试，有的人在睡觉，有的人已经提前放假回家，显得特别空旷。他偶然抬头，天空中一道彩虹吸引了他，他飞奔地跑回宿舍，拿起相机直奔宿舍楼顶天台。

拍彩虹的短暂时间，他是快乐的。和梦想在一起的时候，每个人都是快乐的、幸福的。后来他拍的照片被朋友拿去投稿，出人意料地获得了一个摄影奖项。他仿佛突然间顿悟，摄影不再只是单纯的爱好，它可能会是一个梦想，会是一个值得自己为之付出一生的事业。

不是每个人都能找到且直面自己的梦想，也不是每个人都有足够的勇气能够不顾一切地拥抱自己的梦想。不喜欢的课业就像不那么顺利的人生，已经疲于和生活抗争的他，开始自学摄影，看很多的书，摄影师森山大道、荒木经惟的名字成为了他踏上日本学习摄影的最大动力。

从来没有学过摄影，从来没有学过日语，所有的压力砸下来时，他却拥抱得那么义无反顾。每个拥抱梦想的人，即便他在经历苦难，依然是幸福的。

一个大男孩，知道自己并非生于富贵，成年的他有能力肩负自己的梦想，以及为梦想奔赴所有可能的苦难。初到日本，听不懂更说不出，没办法兼职打工，他一边上日语课，一边还要靠自己的努力维持生活。

他开始送报纸、洗盘子、搬运重物、做盒饭……冬天的日本异常地寒冷，凌晨两点多的时候，街上的雪还没有清扫，他就带着一百多份报纸推着破旧的自行车挨家挨户地送。脚常常会深陷雪泥之中，累得坐下就能睡着。别人在睡梦中的时候，他却在为梦想和生活抗争。天亮之后，没有时间休息，便要换上衣服直奔学校。

每次艰难前行，走不动的时候，他总在心里安慰自己：这就是经历，就是心里的踏实，你不是想要学摄影才来到日本、才坚持下去的吗？那种身体极限的状态，在后来和一个叫花椒毛豆的美女跑手认识后，才知道原来马拉松跑到极限时，你整个人都不能控制自己，只是机械地往前奔着，心里只有一个目标，那就是终点。终点是奔跑的目标，而摄影是左扬民的目标，梦想是每个追梦者的目标。

他开始拿起手中的相机，记录自己生活中的艰辛。在日本留学时，他见过很多同龄人，他们生活富足，不为梦想，只为一个学位、一纸文凭。这个不爱说话的大男孩，靠着相机，记录着他捡别人丢弃的自行车，记录他搬铁块时磨破的手，记录自己没有钱去理发店理发时的窘迫，记录他到日本一两年，才在 24 岁生日的时候给自己买了些零食。

不爱说话，所以他把自我的每一次激励，都用照片的方式放在那个叫《炫富的那么多，哪能有炫苦精彩》的相册里，和自己对话，和梦想对话。他并不曾想要通过苦难来炒作，他只想让自己更清楚地面对梦想来临前浴火涅槃的痛感。所有的一切都是他自己选择的。

后来，他成为了一名摄影师。在日本开摄影展，回到国内之后，继续奔赴在梦想的道路上。我偶然地看到他相册里一张照片，是一张以阴翳天空作为背景的自拍照，注释处写着：我身上有彩虹，但天上没有，其实也可以这样想，天上没有彩虹，我身上有。

在一次次地拒绝各种媒体采访之后，他向身为校友的我讲述了那段追梦的故事。他回国后，偶然我们在网上聊起，当初采访他的那本杂志他没有收到样刊。我把收藏了近三年的唯——本杂志给他寄了过去。他向我讲述了一个梦想的故事，这个梦想和苦难相交织的过程，只属于他一个人，最终还是要回到他那里。

很久以来，碰到过很多人，都在现实面前放下了梦想。觉得梦想太奢侈，还是先和现实妥协，为了挣钱、为了买房，为了很多看起来很有道理的目标放弃了自己最初出发的理由。我也多多少少地在梦想面前踟蹰徘徊。

不过庆幸的是，或许曲折，但我仍然在缓慢地前行。曾经大学时，老教授在班级里做调查，全班四十二人，让第一志愿填报汉语言文学专业的人举手。仅六个，我是其中之一。其他人全是被调配至此。选择文学、选择文字这个华而不实的梦想，注定要经历华而不实的煎熬。

梦想从来都不是伸手难及的存在，只有你跳跃起来才能碰到一点，你跳跃一次、十次、一百次、一千次之后，跳跃得你已经双脚疼痛，你还会为了那个"华而不实"的梦想继续坚持跳跃吗？我们常常把自己的底线看得太低，低得轻易就触碰到了。或许在填志愿的时候，我听了家人的建议，说中文专业以后不好找工作，我今天就不会坐在期刊编辑部，实践着自己的梦想，也为更多热爱文字的作者搭建他们的梦想。或许在我进杂志社写的第一篇稿子被主编打回来改第六次的时候我放弃了，就永远不会有第七次改稿之后的成功。或许在我觉得英语太难，不懂得怎么运用，在采访奥斯卡最佳配乐的歌手和演员 Marketa Ignova 时，我放弃了，就永远缺少了那一次机会……

这些还远远称不上苦难，比不上左扬民经历的那些困难，或许他经历的苦难都还不够，可能你正在经历的比那还要疼痛十倍、百倍。只有你坚持熬过那份苦难时，你才能看见彩虹。

"我身上有彩虹，但天上没有，其实也可以这样想，天上没有彩虹，我身上有。"

别让坎坷阻挡了你前行的脚步

一

"80后"这概念刚被引发的那段时间，人们总在讨论这群年轻人，说80后生活富足，说80后生性叛逆，说80后非主流，说80后故作忧伤喜欢45度角抬头仰望天空。我常常觉得这些新闻里的描绘和自己没有半毛钱关系。

20世纪80年代，我生在西部的一个乡村，那里还相当落后，再加上爸爸是说话不走脑的人，"文革"那时年轻气盛，村长监守自盗偷粮食，他在大会上当面揭穿，从此便接下梁子。那时计划生育开始实行，在超生游击队的战斗中，我来到这个世界。罚款自是不必说，前来罚款的就有当年爸爸得罪的已经升官的某某。当时的千元罚款对贫穷家庭来说，堪称天文数字。而所谓君子报仇十年不晚，小人报仇的话 20 年过去了还是会想法弄你。

就这样某某拿了我家罚款，还趁机在抱我的时候，在我右边腋下插入了一枚缝衣针。所幸我大难不死，活下来了，"大难不死，必有后福"这种话，暂且好像老天爷也没有给我兑现。多次从父母嘴里听到那段往事，总觉得像是被演绎过的传奇。

接着慢慢长大，经历了贫穷的成长，穿别人旧衣服度过了最无忧无虑的小学时代。身处贫穷时，不觉得什么，可怕的是读书让我走得更远、看得更多之后，会发现自己的少年时代，和别人、和新闻里的 80 后差异太大，大得往往感觉好像不是一个次元的。

在那敏感的年纪，我常常觉得自己和别人不同，我不是他们所谓的 80 后。什么富足、叛逆、非主流和自己没有半毛钱关系，要说忧伤，没有 45 度角仰望天空不让眼泪流下来，反而是有种"最后知道真相的我眼泪流下来"的挫败感。

和 80 后划分开，是好长一段时间在试图告诉自己的话。你比他们经历了更坎坷、更贫穷的生活，你要更努力，你要更拼命，你不是他们……有时候又会陷入莫名的忧伤里，觉得自己好像和同龄人有些格格不入。敏感、孤单，是情绪最大的催化剂。

大学时，和一个学弟聊天，我说我在农村长大，他也是个农村长大的少年。他好像突然眼睛一亮的感觉，带着一种敬佩的语气说：蛟哥，点个赞。现在好像很少有人能够像你这样，敢于承认并当众拿出来说自己是农村人。然后我们聊了各自少年时代以来经历过的艰辛和不易，发现这世界并非那么孤立，茫茫人群中，我们没那么特别，反而都是那么地相似。

回头想想，自己是农村人，从小经历坎坷，也并非什么丢人或者值得自怜的事，它就是过去，是人生的底色，并不是你一辈子要背负的枷锁。曾经不断地在心底自我发酵，觉得要把自己和其他同龄人分开，觉得自己和别人不同，不过是以自怜的方式在自我心中寻求认同。其实你和他们并没有什么不同。

二

W是个艺术生，敏感而多情。青春期以来，喜欢过很多女孩，每一段感情他都特别投入，几乎是倾其所有地去付出那种热烈。他爱过的女孩 ABCD 都可以排出半打字母表了。每一次的爱情到最后都是飞蛾扑火。

有时候，我觉得他就像是个艺术家，典型的艺术思维，对每段感情都有着近乎艺术的纯粹追求。这种极致的爱，与现实总会格格不入，浪漫到最后就是伤害。

不断地爱，不断地分手，有时候我问他，究竟喜欢谁？

他说不知道，他也想知道爱的人究竟是谁。

突然有一天，他拿着啤酒跑来找我。我们一起在楼顶聊天，他说感觉自己不会再爱了，受过太多的伤害之后，觉得心都快千疮百孔了。

我很想说，你少来这么文艺，要是每一段爱情都扎一刀的话，你早就成为马蜂窝了。可那个时候，我真不想在一个身高一米七五以上都快哭出来的的大男孩心里再扎一刀，就只好问他："为什么这么说？"

他说每段感情都太过投入，爱到最后伤害也就太多痛，也就多了一份胆怯。每爱一次，痛一次，胆怯一次，到最后越来越怕会爱上别人。但是遇到心爱的女孩时，又会动心，可又不敢去面对。有时候会觉得无比孤独。

我说："你这是艺术病，得治。"

那天我和W说了很多，我也说起少年时自己的经历，曾经把自己的感情封住，觉得和其他同龄人不一样，就像此刻的他因为爱情而把自己封闭起来。爱情很多时候不是谁对谁错，究竟是女孩伤害了他，还是他追求完美的艺术般的爱情伤害了自己。

到底，能伤害你的只有你自己。自怜是最可怕的武器。

看过契诃夫的小说《套中人》。主人公，不管天晴下雨，都会穿着雨鞋打着雨伞，穿着暖和的棉大衣，把雨伞、手表、小刀

都装在套子里，他也把衣领竖起来，像是一个套子可以罩住整个脑袋。他戴着黑眼镜，用棉花堵住耳朵，坐在马车上都会叫车夫支起帐篷，要为自己制造一个套子，不受外界影响。他把自己的行为和思想都装在了套子里。

自怜就是这样的一个套子。我们会觉得自己经历了苦痛、艰难，觉得自己是最可怜的人，需要这个世界来理解你、同情你、关注你；觉得自己和其他所有人都不一样，需要更多的照顾和关爱。不管是少年时我的经历，还是 W 的感情，还是工作、生活、学习中无数个你我，我们都是那么地相似，心里都有着那样一个牢笼，或者说得好听些，叫围城。

一旦陷入自怜的困境，我们就在不断地往围城的高墙上添砖加瓦，直到有一天我们踮着脚尖把最后一块砖头放上去之后，我们就真的从心底和这个世界隔绝，成为装在套子里的人了。

也许这个环境喜欢用 80 后、90 后来区别你我，但事实上，我们没有什么不同。也许我们和我们的父辈，也没有想象的那样被代沟隔开。我们都是从一个懵懂无知的少年，开始用最单纯的方式来认识这个世界，尝试着用爱去温暖这个世界，并从这个世界获取温暖、获取爱。如果经历坎坷之后就把自己封闭起来，那是把自己放到了人生流水线的次品行列。每次坎坷，不是故步自封、凄凄惨惨戚戚的理由，而是别让自己活得像个异类最好的动力。

史铁生说过一句话：不要抱怨生活给予了太多的磨难，不必抱怨生命中有太多的曲折。大海如果失去了巨浪的翻滚，就会失去雄浑；沙漠如果失去了飞沙的狂舞，就会失去壮观；人生如果仅去求得两点一线的一帆风顺，生命也就失去了存在的魅力。

尘世间，最不忍知生死离别

2012 年 8 月，已经忘记当时国内发生了什么大事，重庆并不太允许有大的集体活动。那天，预约了访问前来宣传新书的吴念真老先生。读者拥堵在书店里，公安系统的人前来要求控制人数，采访便移到了旁边的酒店房间里。

吴念真老先生给人感觉内敛而慈祥，像小时田野间碰到的农夫，脸上没有这个时代所特有的急促表情，只是淡然地和你聊起家长里短。他有抑郁症，常常听古典音乐来释放内心的情绪。但他看起来并不像抑郁症患者，言谈间很容易便把你带入他的情绪里，或许太久地和抑郁症相处，他终于在和抑郁的斗争中找到和自己相处的法门。

那天他讲了很多。言谈间，他提及了一个死亡和离别的故事。

多年前，吴念真正值青年，从台湾花莲的矿区来到城市，拼命工作挣钱。一天，警方找到他，让他去认尸。警察把他带到幼时眺望远方的高处，弟弟在车内引废气自杀了。因为欠下千万赌债，无望，便用死亡做了了结。曾经他和弟弟在这里多次眺望，觉得自己长大后要进入远方的城市，去那里寻找生活，寻找希望。不料，哥哥吴念真顶着巨大压力站在了远方，而弟弟还停留在原地，把生命都终结在了眺望的地方。

弟弟在遗书里写到：大哥，你说要照顾家里，我就比较放心，辛苦你了。不过，当你的弟弟妹妹，也很辛苦。

吴念真又何尝不辛苦。后来，吴念真又失去了爸爸。爸爸生长于日据时代的台湾，对日本多多少少有着情怀。后来台湾回归，少时的吴念真和爸爸对待祖国的认同存在很多偏差，一度他非常不理解爸爸对日本的那种执念。

　　吴念真爸爸年轻时，来到矿上淘金。那时台湾正值淘金热。爸爸在矿上工作，多年下来染上尘肺，不堪痛苦，终于从医院的窗户跳下，坠楼身亡。作为长子长兄，吴念真送走了弟弟又送走了爸爸。当他深入到爸爸的痛苦中，才恍然明白，把爸爸的故事搬上银幕，叫《多桑》，日语爸爸的意思。

　　爸爸生前很想去日本看富士山，看皇宫，看他想象中的日本。吴念真带着爸爸的骨灰来到日本。进入海关时，他被海关工作人员拦下，得知吴念真带着骨灰来完成爸爸遗愿时，工作人员向他深深地鞠躬。

　　再后来，吴念真相继送走了妈妈和同患抑郁症自杀的妹妹。死亡几乎成为了他人生的基调，只要他还活着就得在夜深人静时面对那一次次悲恸的离别。死亡和离别加剧着吴念真的抑郁，他不断和活着抗争。吴念真老先生真的再也没有回到故乡，他说家人都走了，他就没有故乡了。说着没有故乡，却最是怀念故乡的往事与故人。

因为妈妈罹患癌症，爸爸相继重病的那些日子里，我也曾极度恐慌，试图找到解读死亡和离别的法门。那段时间写下很多日记，自说自话地放在博客上却招来很多访客，大多都说着自己家庭的悲剧，家人患病子女悲恸，他们无法面对那样的伤痛，甚至试图在我这里找到坦然应对灾祸生死的方法。

我很想安慰他们，却最终只是流于简单的言语。妈妈已经离开人世几年，我似乎窥见了死亡的意义：死亡是生者以记忆的形式对生命和情感的凭吊。如果人生如佛家所言，生死轮回，我想天堂和地狱的分辨不是生前的功过才最终导致人去向何处，而是死亡本身就是一个分界，生是天堂，死即地狱。

要好的朋友在房地产领域里做得风生水起，收入颇丰，按理我应该多多和这个朋友沟通交流，却无奈不擅长交际应酬。每每有机会和他聊天，总是会愿意敞开心聊些触及心灵的东西。后来突然他告知，要离开重庆回天津，父母皆重病，需要照顾。一时间不知道怎样安慰，在他面临可能的生离死别时，我还是疏于唠叨。要说苟富贵勿相忘，是真朋友，或许富贵与否皆是朋友。少时，校园里无忧无虑地上课，老师突然叫出某某同学，让他去送他爸爸最后一程。朋友收起书包，哭着离开教室的景象，成为那个夏天无法忘却的带着几许惊愕的记忆。生离死别的悲恸，只有经历过之后，才恍然，只能迎头面对。

有个段子说，当炮弹向你飞来时，你是选择跑开还是迎头上去。逃跑，或许正好炮弹落在你的奔跑轨迹上，而迎着炮弹的方向奔跑，炮弹只会落在你的后方。这个说法虽经不起推敲，却也是一种面对生死和离别的态度。

年少时，我们都疏忽了父母正在老去的事实。渐渐成长，我们被生活琐事缠绕，又疏于对父母的关爱。父母年迈时，我们已然长成为能够肩负生活艰辛的模样，可到最后面对父母生离死别的关隘时，我们才急匆匆地觉得，自己还小，还没准备好面对这份悲怆。时间是公平的，唯有死亡才能教会我们人生最重要的命题——孝心不能等待。也只有面对了死亡和别离，才能继续前进，迎接下一场别离。彼时，要离开的就是终将老去的我们。

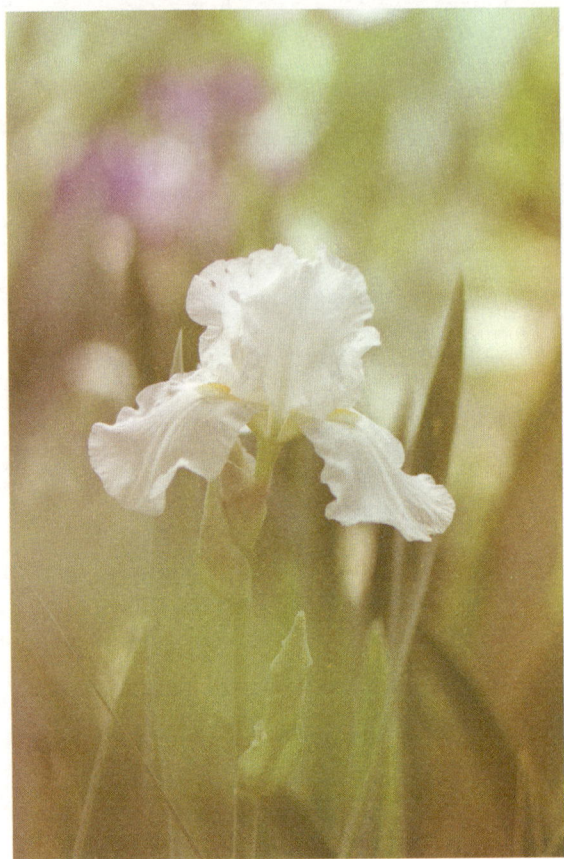

生死离别的悲恸，只有经历过之后，

才恍然，只能迎头面对。

part3

在人生路上，不要怀疑生活欺骗了你，你的生活从来都是自己走出来的。既然不知道未来会怎么样，你又恰好对未来有所期待，那么遵从自己的内心，遵从自己的选择，去努力，去奋斗，剩下的就是坚持。不用对未来患得患失，不用对未来急功近利，明天迟早会到来，你要做的是用最好的姿态，去迎接明天的太阳。

你只需要努力，剩下的交给时光

一

周末，一个人待在家里，看了纪录片《寻找小糖人》。

罗德里格斯是一个墨西哥移民，来到美国，从事着最底层的工作，蓝领阶层，艰辛而努力。热爱音乐，在底特律江边废旧的码头酒吧里驻唱，外面货轮驶过的汽笛声时不时缓慢划过。他的声音、他的歌词、他的旋律，独特而动人，因而被引荐到了一家唱片公司。

这个来自底层的音乐人，与其说热爱着音乐，不如说热爱着生活，他音乐里的抗争，多少像他对待颓败生活的态度一样。唱片公司很欣赏他的歌，可一两张专辑出去之后，市场上毫无回声。到第三张专辑时，他没有做完便被唱片公司解雇了。

出过两张唱片，没有任何的回应，尽管曾经唱片公司的人认为他的音乐堪比作家音乐人鲍勃•迪伦，可谁也没有想到，竟然沉没得如此决绝。从此再无罗德里格斯的消息。

可是，他的音乐莫名其妙地传到了南非。当时的南非种族隔离，政府的压制让民众无法喘息，抗争的他们就像无数摇滚民谣在世界各地的抗争运动里成为圣曲一样，罗德里格斯的歌无意间成为了南非人抗争的精神支柱。这个美国人都不知道的美国歌手在南非爆红了，堪比滚石乐队和猫王。江湖上更是传出了关于罗德里格斯的很多故事。

有人说这个理想主义者音乐人，曾经怀才不遇，在一次巡演上被台下观众嘘了，他诚恳地道歉：你们忘了我，我也忘了你们，抱歉。然后拿汽油浇在自己身上，把自己烧死在舞台上。还有一个传闻是他在舞台上吞枪自杀。南非掀起了寻找罗德里格斯的运动，人们渴望知道那个没有任何信息的音乐之神的故事。

而在另一边的美国，罗德里格斯被解雇之后，消失在公众视野，回到了自己的家乡，做着大多数人都不愿意做的苦力工作，养活着三个女儿。平时他去看表演，听别人的演唱会，像他歌曲里的抗争精神，去为其他人服务……

南非人终于找到了他。罗德里格斯没死。当他被请到南非做巡演的时候，人们一边怀疑这是不是他们热爱的那个音乐人，一边接受了那个一开口就触动到心灵的音乐——是他。做了二十多年的辛苦工作，把音乐热爱变作日常的演奏，把音乐的抗争融入生活的他，重新站在了舞台上。在他上台的刹那，南非人疯狂了。看到这里，我竟也哭了起来。

他一直默默地热爱着自己的音乐，一直默默地把音乐的精神放在心里，他站在南非舞台上的时候对台下的人说：感谢你们，让我又活了过来。一语双关，不仅打破了谣言，更让他的音乐梦想活了过来。多年前他从墨西哥来到美国，就没有想着要靠着音乐这条路，给自己带来什么。最后南非给了他舞台，沉默了几十年后，好莱坞给了他一部纪录片。

很久以来，人们都一直闹着说，我们不再需要励志，不再需要梦想，我们都执着地奔着一个目标——为挣钱拼命努力。我们从一开始，就奔着目的去。而真正打动人心的梦想，能够赚取你眼泪的，还是像罗德里格斯站在舞台上的刹那，沉寂几十年之后，默默地努力几十年之后，时间给了他最好的答案。他是平凡的工人，也是伟大的音乐人，一如几十年前他从墨西哥来到底特律，在江边做着苦工，在酒吧里演奏着抗争的音乐一样。

二

如果你真正热爱一样东西，不是一开始就要奔着一个目的一个结果而去，只有你默默地坚持，不计后果的追求，才会迎来梦想绽放的时刻。

健身是最好的例子。你第一次进健身房，可能教练会给你测评出几乎低到尘埃里的数据。那是你从来没有想过能够面对的答案。平时，买设计独特的昂贵衣服总能遮挡住身体上的那些缺点，也就心安理得地接受了，但到底内心仍是自悲的。坚持几个月下来，不管是否达到了你追求的欧美范或者日韩小清新，你肯定能够看到改变。时间和坚持能给你最好的答案，你也可以拥有让人羡慕的翘臀、马甲线或者人鱼线。

毛豆是我在一次做跑步专题认识的作者，那时候她已经在跑步圈子里小有名气了。当时她已经是跑过七次马拉松的跑步小美女。

80后的她，和我们大多数人一样，毕业之后进入社会，开始无休止的工作。她做了一份营销策划的工作，和甲方拼命斗争，熬时间，改文案改成狗。苦逼的不是一点两点。加班到没日没夜，天昏地暗。

那时候的她也不胖，但长期地坐着工作，面对着电脑，整个人都不好了。呆呆的，几乎就被工作夺去了活力。哪有一个年纪轻轻，漂漂亮亮的姑娘就像老妇人的模样失去了活力？她开始接触跑步，刚开始小小的姑娘哪能跑下来四千多米，更别说跑下几个马拉松。

她刚开始都是几千米的跑，慢慢地，增加得越来越多，跑过撞墙点之后的坚持，让她终于跑完了第一个马拉松的距离。那种兴奋是漫长时间坚持、慢慢进步，最终成功的快乐。

毛豆是个欢乐的姑娘。她特别爱笑，每次去跑马拉松，总会和很多人结交朋友。渐渐地，一个平平凡凡的"营销策划狗"，变成了红遍网络的跑步小达人。还和 Hebe（田馥甄）等一起代言了某运动品牌。她不仅跑出了自信，跑出了美丽，还把自己的视野和事业，以及人生轨迹都跑出了发展和变化，把自己的路也越拓越宽。这一点是她刚开始接触跑步想都没有想到的。于最初的她来说，或许只是想改变一下单调的生活，让自己拥有更健美的身材，如此而已。

上次来重庆跑马拉松之前，她给我打电话说，自己报名晚了。重庆的跑全程马拉松报名已经满员了，想让我帮忙去实地报名点问问。她几乎是不放过每一个马拉松的机会。她不会是每次马拉松最强的运动员，但她却是最快乐、最美的运动员。

她到重庆之后，我跟她说身边朋友想减肥，可坚持不下来运

161

动。她说她可以给我朋友一些建议，可以先去看看她在微博上晒出的攻略。还说最近在筹备第一本书，关于跑步的。说写好之后，会送我一本。

毛豆从刚开始的跑步，到最后跑成明星跑手，一切都是时间给她的最美的答案。

三

之前有一个读者小姑娘给我投稿。她正值高考，想去大学学中文专业。她说家里人并不是特别支持她做写作这样的事，觉得那是不务正业，认为写作是华而不实的东西。甚至在她父母看来，所有文科的专业都是可有可无的。只有学遍数理化，才能走遍天下都不怕。

她跟我请教怎么写文章。

我告诉她，我在小学阶段认为写作文根本就是一种天大的折磨。打死都不要让我写文章，常常靠着抄写姐姐给我买的作文书上的文字来应付周记等作业。被老师拿到课堂上念，每次被老师表扬的时候，我都特别羞愧。

中学开始，看课外书的时候发现了文字的魅力。语文老师说，如果你的文章能够看得让人感动得想哭，那你的文章就成功了。从那时候起，我就开始琢磨着要写出让人感动的文章。也就是从那个时候开始，把文学当作了梦想。在中学，别人都梦想着当歌星影星的阶段，我梦想的是能够成为一名作家。但也觉着自己很难达到，可并没有阻碍我去尝试文字的爱好。

不断地练笔，不断地阅读，最后大学顺利地学了中文，一心想的是能够掌握好文字的奥秘。后来多次读到余华早期的短篇小说，苏童的短篇小说，再后来葛亮的小说，总会被语言的力量打动。学会写作那是个无限美好的能力。

后来我的梦想也发生过偏离，想过以后去做新闻周刊类的记者，比如《南方周末》之类。无疑都和文字有关。无数次的练笔，写过很多很多的文章之后，我也不能说自己掌握了这门无用之用的伟大技能。但我能说的是，我很庆幸自己做了一份和文字相关的工作。从我开始陶醉在文字的魅力开始，到现在从事文字工作，做一个杂志的编辑，已经有十余年。十余年的时间未必算长，也不能算短，也没能达到自己钦佩的作家的能力。但时间给了我一个很好的答案，至少我做着一份在我少年时代就羡慕的工作。

我告诉小姑娘，要有梦想，且把自己的梦想保护好，世界太浑浊，浑浊得可能很轻易地就迷了你的眼，很轻易地就让你觉得金钱就等于是梦想。保护好你的梦想，且努力去追求你的梦想，剩下的就不用在乎太多，时间会给你的坚持一个最好的答案。小姑娘的投稿最后被我采用了，她也确实做得很好，我也希望我的经历能在她追求梦想的路上给予她一点小小的动力。

负面的情绪永远来得比正面的情绪容易，我们很容易就对人发脾气，我们很容易放弃，我们很容易怀疑未来，怀疑自己的努力。在人生路上，不要怀疑生活欺骗了你，你的生活从来都是自己走出来的。既然不知道未来会怎么样，你又恰好对未来有所期待，那么遵从自己的内心，遵从自己的选择，去努力，去奋斗，剩下的就是坚持。不用对未来患得患失，不用对未来

急功近利，明天迟早会到来，你要做的是用最好的姿态，去迎接明天的太阳。不用把时间浪费在不必要的烦恼上，谁的青春不迷茫，不用着急，你的努力和坚持配得上一个更好的答案。

梦想不搞笑，只要你还相信

公司的微波炉一如既往地用香味宣告着午饭时间到了。摸了摸口袋，盘算着下楼去吃饭，突然发现换了衣服忘记带钱。伸了伸懒腰感叹：我去，没钱吃饭啊！穷死了。

偌大的编辑部，坐着好几个期刊团队的员工。只听有人说：没钱吃饭怕什么，你还有梦想啊。一时间整个办公室都笑了起来。段子手同事们永远都能在恰如其分的时候，涮得你不知所措。"没钱吃饭怕什么，你还有梦想啊。"梦想好像就突然变成了笑话，成为人们生活的调剂。

大家在笑，我也在笑。"你还有梦想啊。"

梦想曾几何时是我们心中神圣的还闪着点光的词语。有时候我们还会想要做"海贼王"那样的男人。现在好像它就是个词语，熟悉而又陌生，熟悉得每个人都在说，陌生得却不知道什么时候它成为了一个笑话。

丑丑先生是我高中时的同学。他其实并不丑，但不知道谁开始叫上了，自此大家都喜欢叫他高丑丑。丑丑先生是个打鸡血的男孩，他是班长，总是有一茬没一茬地组织活动，想拉近开始有些圈子化的班级氛围。其实某种程度上说，他更像是好好先生。

那时候还流行疯狂英语，那时候的李阳是个神一样的存在，全国巡回演讲，比着一个夸张的手势，嘴巴张得特别大，那张照片被印在疯狂英语的课本和磁带上。那时候的李阳还没有因为多套房产成为新闻焦点，也没有因为打老婆而被黑化，那时候的他是个卖英语的人，还没有出家。是的，那时候也还流行磁带，就像那时候梦想还不是个笑话一样，好像很久远了，但却又只过了几年。

丑丑先生很喜欢英语，他一直想学好英语，想出国留学。他整天打鸡血起得很早，在校园里抱着一本疯狂英语的书，背包里装着一个复读机，拉出一根耳机线卡在耳朵里，高声地喊着：Don't be shy,just try. You will be what you want to be. 嘴型张得和疯狂英语的李阳一样。

陆续起床的同学们，路过操场时，他还在那里朗读，都在笑：丑丑先生，下一盘，你要弄一个"丑丑英语"出来，为母校争光啊！以后我来听你的讲座哦……

最后那个"哦"的发音显得意味深长。

丑丑先生知道他们在笑自己，可他还是疯狂地继续朗读。一读就是三年。不可否认，每次他的英语成绩都很好。每次月考成绩单下来的时候，都时不时可以在教室里听见有人说：我去，丑丑不错吗，果然是"丑丑英语"的创始人啊。

后来，有一次疯狂英语李阳来开演讲。丑丑说要去听，那几

天他果然消失了，不知道他是不是去见了偶像李阳，后来他回到
学校，也没有提及见李阳时的疯狂场景，我也没问。每天还是看
到他执着地在校园里高声朗读。

命运有时候就是个调皮的孩子，它总爱开玩笑，每一个玩笑
总能让你无法应付。丑丑先生也不例外。高考他考了 601 分，
第一志愿填的是中国人民大学，第二志愿填的是四川大学。他第
一志愿没有录上，扣掉 20 分之后，第二志愿也没录上。

考了高分，没去得了名校，最后他被二本阶段的天津外国语
大学录取了。

是的，他终究还是去读了他向往的英文专业。我和他是好友，
每到假期我们都会回到小城，听他说在学姐的介绍下开始接外面
翻译的活儿。他提到的永远是英语。我知道他会成功的，迟早会。

偶然他说到有次去听李阳疯狂英语。他说：你知道吗？那种
感觉太激情、太美好了。虽然坐得很远，我知道我喜欢的某个东
西，在那个人那里能够被映照出来，和身边那些同学不一样。他
很想去找李阳签名，但人太多了，他没去得了，没能和他说话，

但他感觉到了一种来自内心深处的被认可。

后来，毕业了，他辗转去了非洲。我以为很久都不会再见到丑丑了。半年多之后，他又回来了，说："我被坑了。说是去给高工资，做翻译，最后一直不发工资，害得我都快吃不上饭了。那里民风剽悍，没钱你真不知道该怎么活。"

没多久之后他又出国了，去了菲律宾。他在那里经历了菲律宾反对华人企业的运动，被关在公司里，不敢随便出去，运动过去之后，生活一切照旧。还时不时会看到他在人人网上，和当地武装力量合影的照片，手里拿着类似 AK47 的枪拍照。我去，这少年混得不错吗。

偶尔他会打电话来，说他在那边收入挺高的，那里的妹子也很漂亮，结合了东西方的优点，说他们公司给他们承担食宿，住在海边的酒店里——海景房。住了几年，感觉对海景房都没有了热爱。不过如此嘛，天天都住。

一来二去，说着无节操的话。感觉心里甚是羡慕丑丑先生的，羡慕的不只是他收入高，住在那样好的地方，更是因为他在做着一份快乐的事业。每天都充满激情，那应该是梦想的力量吧。

偶尔会在 QQ 上联系，开场白都是一样的: 最近过得怎么样啊?

我每次的答案也都一样: 还好啊!

好像也没有更多的可以说。身边的同事，常常开着玩笑，说着类似"你还有梦想啊"这样的段子。我不知道有多少人，像我一样带着有种对文字的热情，来到杂志社，希望能够有所表达，希望追求文字的纯粹。还是仅仅觉得，公司是一家国企，虽然是个下坡行业，但在这里你可以不太用心，就能拿到一份马马虎虎的工资。

那天，我去把微博名字改成了: 盒饭君——让文字本身说话。我还有梦想，这并不是多么搞笑的事情。丑丑先生可以顺利地朝着自己的梦想迈步，虽然也会有人笑他，但他从来都知道，梦想是装在自己心里的属于自己的东西，没有人可以嘲讽你的梦想，只要你自己还相信。

这是个很好的时代，也是个很糟糕的时代。如果大多数人，

都麻木地重复着每天的生活，没有人追求梦想，追求属于自己内心深处的生活，那这时代必然糟糕。但很庆幸，你心里还有，只要坚持你就会实现梦想，像丑丑先生一样。对你来说，那将是一个很好的时代。

你将成为你想成为的人

　　莉丝·默里的故事也许你听过，或者你看过电影《风雨哈佛路》。

　　莉丝生活在贫民窟，妈妈是个瘾君子，爸爸也吸毒，爷爷有暴力倾向，生活贫困和各种意外成为她少年时最大的记忆。她常常要照顾妈妈和在救助站之间奔忙，学习对她来说是种奢侈。没有吃的时候，她甚至会去翻垃圾桶，捡拾别人丢弃的发霉的食物。

或许正是这了无希望的生活，让她的父母沉浸在毒品的"飘飘欲仙"里面，逃避成了他们面对生活的方式。从救济站拿到的救济款，常常不够他们撑过一个月，孩子们月初还有食物，父母也有钱购买毒品，到后半个月，饥饿就变得无限漫长。莉丝和姐姐甚至靠着吃牙膏来充饥，度过一个个漫长的夜晚。她们的妈妈忍受不住饥饿，通过卖淫来换取微薄的收入。

某次过节，奶奶给莉丝寄来一张贺卡，贺卡里面夹了一张五美元的钞票当作节日礼物，最终被妈妈偷去买了毒品。

因为没有机会洗澡，她头上长满了虱子，在学校测试时，她头上的虱子不小心掉到了试卷上，全班同学都嘲笑她，她也开始用逃学来回避同学们异样的眼光。

这样的家庭和这样的少年经历足够悲惨了吧。但结局是怎样，我们都知道。莉丝考上了哈佛大学，改变了自己的人生。最后成为一名著名的演说家，用自己的故事激励着很多的人。

她在一次演讲里，说："你不是必须要待在你现在所处的环境里，如果在你生活中有一些东西让你退缩，你需要知道那是什么，我向你保证，一定有一条路可以打破和通过这种困境。"我想没有谁比她来说这句话更适合了。

电影《风雨哈佛路》里，莉丝意识到她挚爱的妈妈离世了，妈妈想改变这一切，想改变自己的生活，想改变所有人对待生活的方式，除了愤怒还是愤怒，然后只有在毒品与性里面挣扎着度过每一天。她知道还存在着另外一个世界，这个世界距离自己不会太远，妈妈想生活在那个世界里。

电影没有演的是，莉丝带着渴望改变的想法，拿着自己的成绩单，带着自己的渴望，挨家挨户地去敲所有可能的学校和所有可能的机会，她听到了很多人向她说 NO。她自己都不知道敲击了多少个学校的大门，才终于获得了电影中那次成功的机会。莉丝用实际行动证明了一件事，那就是只要你想要做到怎样，那么拼命地去努力，终于有一天你会遇到那个对你说"YES"的人或者机会。

电影里莉丝有一个好朋友叫克里斯，也是个和她一样无家可归的女孩。她们曾经一起晃荡，一起在超市偷食物，只是莉丝知道了自己的目标，并且相信自己这样继续追求下去会成为一个不一样的自己。她也试图想让这个好朋友和自己一起努力，可最终被老师问及对未来的期望时，克里斯说也许以后会去做拾荒者或者妓女，好像是一种处境里的无奈选择，或者根本就是一种发自内心的不愿意抗争的态度。

处于某种状态里，和自己渴望的生活或许有着漫长的距离，但你的渴望和努力能够尽可能地让你接近你的渴望。莉丝在无家可归的时候，曾经无数次在校园里过夜，写作业，或者去坐地铁，从城市的一个终点站坐到另一个终点站，如此反复。如果不睡在地铁上，她就没有地方可以安睡。而她渴望的生活就是当她坐在街头乞讨的时候，从她身边路过丢下零钱的那些人，那些她随时可见的出入在大城市里衣着光鲜的人的生活……

得到读书机会的她，拼命地学习，抓住任何的机会。两年时间里，她学完了高中课程，并且成为全校第一。在老师带领参观哈佛大学时，她知道这里就是她梦想的生活。以优异成绩申请哈佛大学的时候，她那天同时面临着三个面试，一个是要去哈佛大学，一个是要去救助站，还有一个是要去《纽约时报》申请奖学金。

饥饿是最基本的生活状态。那天她来到救助站，救助站面试她的是个刻薄女人。她很需要从救助站那里拿到钱和食物，但她还知道更大的希望在等着她。她对刻薄的女人说："能否快些，待会儿还有哈佛大学的面试。"刻薄女人却带着嘲讽的语气说："OK，公主。我们有斯坦福先生和耶鲁夫人要来，你和你的哈佛去见面吧。"

后来她便去了哈佛大学的面试和《纽约时报》奖学金的面试。想想，只有救助站的面试是不顺利的。她成功地拿到了哈佛大学的入学通知，也成功拿到了《纽约时报》提供的奖学金。在《纽约时报》面试的时候，她还在征求允许的情况下，拿走了他们招待客人的所有甜甜圈。

曾经我们也遇到过这样那样的困境，我们也像莉丝身边的朋友那样总是充满了抱怨。或者选择逃避，像莉丝的父母一样逃避现实；或许选择沉溺和堕落，像电影里莉丝的好友克里斯一样宁愿做拾荒者和妓女。只是我们不愿意承认，也不会把自己和他们作比，但很多时候，面对困境时，我们就是那些举步不前的多数人。

我们都和莉丝一样，幻想过自己想要的生活，更像的是莉丝也是一个 80 后女孩，和我们是同样的年纪，却有着比我们更苦

难的经历。也许我们想进入一所名校，也许我们想考研，也许我们想出国，也许我们想拥有一份让人羡慕的工作，也许我们无数次地看到梦想在接近，近得好像身边的朋友都已经实现了，就像那个叫莉丝的 80 后女孩一样。

　　我们没有比莉丝更悲惨的经历和遭遇，她能从那泥沼般的生活里跳脱出来，因为她知道她想成为怎样的人，她想拥有怎样的生活。在你心里也有那样对未来生活的规划，我们把那种规划称为梦想，你只需要像莉丝在面对自己梦想时那样，拿起成绩单一次又一次地去敲起机会的大门，面对无数次"NO"之后，还有继续敲下去的勇气。或许不能量化做对比，但我们从现在的出发点到梦想之间的距离，应该比莉丝的起点和梦想之间的距离要近得太多太多。你也可以成为你想成为的自己。

不被嘲笑的梦想，是不值得实现的

一

2014 年的最后一天，我打开微博，写下了一段话：

新的一年要来了，加油。也许明年，我会推出那么一两本书，你能支持，我万分感激。但我也怀着万分惶恐，微博名字改过好几次，这次留得最久。"盒饭君——让文字本身说话"，这是我所恐惧的，恐惧我的文字不够好，我不能真正地让文字本身说话。

但我想，只要我坚持写下去，我会成功的。你也是！

回家之后，我打开了电脑，搜索了《星空日记》，北京大学的宣传片。

这是我第二次看了。第一次看的时候，只是感动，可这次从五六分钟开始，我就一直哭，哭到片子结束。眼泪和鼻涕混在一起，或许只是因为想到了少年时那个追梦的自己。梦想，多么简单而又奢侈的东西。贫穷人家的男孩，小时候告诉自己心爱的邻家姑娘，怎么摘星星。"摘一颗星星，首先，你要有一副梯子，然后，你要有一把夹子，星星很烫，不能直接用手摘。"后来老师和同学嘲笑他在作文里写下的梦想——摘星星。再后来，妈妈去世，因为家庭贫困，天文学专业成了奢侈，家人希望他去学经济学，好尽快地改善家庭的生活。他一次次和梦想错过，连爱情都被现实的负担给压垮。

如果被迫的错过是错过，那么打从心眼儿里想放弃，那一定是过错。

片子里，男孩说了一段话：我一直在逼自己长大，逼自己走正确的路，那是我们很多人最终选择的路和生活方式。也许我们家庭贫困，所以将梦想放下，想先挣钱再说；也许我们觉得自己"屌丝"，和女神表白还是算了吧，等有钱再说；也许有个很好的工作机会在那里，我们觉得那一定要靠关系看学历或者走后门，还是算了吧，再看看其他的工作……我们总会知道，有那么一个"正确的路"等待着我们去走，那条路和梦想没有关系。

片子里男孩那句话后面，还有一句话：不是现实支撑了梦想，而是梦想支撑了你的现实。

二

女孩从小就喜欢唱歌，年少时没有任何的评判，她总能在自己的世界里唱得异常开心。她想以后要做一个歌星。进入青春期之后，她的声音低到没朋友，太不主流了，她和朋友们一起去唱歌的时候，朋友们都会说她的声音"太冷了"，所以渐渐地她收起了自己的声音。因为连朋友都不愿意给她友情点赞，让她深受打击。

后来她没有能成为歌星，却进入了演艺圈，演电影成名之后才开始有机会唱歌。但她的歌声仍然甚少被人知晓。她一直希望能够出一张专辑，但那天迟迟没有到来。她家里随处都放着很多的纸和笔，每次灵光一闪有个旋律或者想法在脑中浮现的时候，她都会把它们记下来。

因为各种事情搁浅，音乐梦想暂时被放下。但她演了不少电影，而且非常有名。也许看到这里，你已经在猜测这个女孩是谁了，或者你已经知道她是谁了。她把自己写下的旋律都录制成Demo，放在自己的手机里。

她叫张曼玉。

某天她突然找到摩登天空的老板，想让他们听听自己的Demo。那些音乐瞬间打动了摩登天空的老板。他们与张曼玉签约了。张曼玉对自己的音色把握很准，有自己热爱的朋克音乐风格，有自己喜欢的歌手。作为演员她已经非常有名，但是为了自己小时候的梦想，她连续几个月往返于北京和香港之间，和乐队一起练歌，一排练就是十几个小时。吃盒饭、熬夜，处女座的执着让她在细微的不满足之间反复练习。

草莓音乐节开幕，一首朋克版的《甜蜜蜜》，几乎让所有人
都不遗余力地给她喝了倒彩。觉得这个女人演而优，唱则唱得如
此烂，如此跑调。黑张曼玉几乎成了那个时候网络上的乐事。我
想你都还记得那个时候的新闻。

张曼玉在摩登天空艺人总监那里看到了网友的评价。几天之
后，她仍然在北京继续登场了。这次登场之前，她琢磨了很久，
想让自己的跑调有所改观。她登台之后，台下尽是沸腾和狂欢，
多数乐迷都在为她点赞，可当她唱到第三首歌的时候，狂风大作，
演唱被迫停止。张曼玉被导演抱着离开了现场。张曼玉说：我不
想停。后来的新闻标题却是：连狂风都要张曼玉停下来。这个女
人没有被从年少时代的嘲笑击倒，50多岁了，她站在舞台上说：
我曾经演过20部电影，被人叫花瓶，我希望大家能够给我20次
演唱现场的机会。

三

九把刀拍《那些年，我们一起追的女孩》之后在大陆红了。
在那之前他其实就已经红了，只是红得没有那么彻底。后来电影
出了一本幕后书，叫《再一次相遇》。他到重庆来宣传，到了我

的地盘上，心想着怎么也要预约一个访问。

于是就联系了采访。联系后，就开始整理资料。我在做每个采访的时候，都会看很多很多受访对象的资料，大概只有知己知彼才能问出些花样来。我在整理资料的时候，看到一段九把刀的故事。

九把刀说他从少年时代开始就是个特别爱说大话的人，但他也特别善于把那些大话变为现实。念书的时候，他就有过很多的职业理想，觉得自己以后要当记者、电影编剧、综艺节目企划、广告文案之类的。后来他接到了一个广告代言，是代言一款竹炭水。

因为九把刀就是个特别打鸡血性格的人，所以广告创意团队，就希望借着九把刀写了很多小说，基于他打鸡血的状态想了一句广告词，大意是：三十年后，我想打败金庸。

虽然爱说大话，可金庸毕竟是他的偶像，所以觉得这句话还是太浮夸了。他就用他的广告思维告诉创意团队，要不改成：三十年后，我想跟金庸并驾齐驱。或者：终我一生，希望看见金庸的车尾灯。他觉得"打败"两个字太凶残了，或许在他刚开始写作的时候，爱说大话的脾气可能说出来那样"胡说八道"的话。

但最后广告团队还是用了"打败"。九把刀知道，说了这样的话，肯定会被很多人骂。这骂声却在他《那些年，我们一起追的女孩》上映时，被重新提及。人们说他口出狂言，掀起了好一阵骂战。

九把刀是一个小说作者，有没有可能追上金庸甚至打败金庸是另外一回事，但他在拍广告的时候，他都是带着电脑，九成以上的时间都用来写小说。拍广告的时候他正在写《猎命师传奇14》里汉弥敦等猎人被服部半藏围杀的过程。画面里的他敲击着键盘，每次摄像机在拍他的时候，他只顾着写自己的，根本没管镜头的变化，只是想抓住每一分每一秒的时间写作。

或许九把刀永远没有机会追上金庸，到他老去的时候，可能还会被人嘲笑——如果那时候人们还记得他的话。但他那种写作的状态和追求写作梦想的执着，却真让很多在现实面前、在嘲笑面前、在不自信面前放弃梦想的人而汗颜。

四

刘谦从 7 岁开始就奶声奶气地对老师说自己要做魔术师，却遭到了嘲笑。12 岁他获了奖，并且是国际知名魔术师大卫·科波菲尔为他颁奖，16 岁他拜师在老师那里更加领略了魔术的奥秘，22 岁他获得了魔术大奖的第二名。拿奖时，他在台上对台下同行的父母鞠躬，说：爸妈，我离梦想还很远，我要拿第一。

刘谦少年时，因为痴迷魔术，没少遭到父母的打骂，同学的冷落，邻居的嘲笑，人们都怀疑他整天胡思乱想是不是疯了。而他最终证明了自己。

如果你去查阅资料，会发现很多实现梦想的人，都有过梦想被嘲笑的经历。中学时，我一直很喜欢信乐团的歌，觉得他们的歌词很励志，配上那高昂的歌声，听起来特别地爽，好像能把心底因未完成的梦想而受到的委屈都一股脑地倾泄出去。

记得最早开始萌发文学梦的时候，立志要做一个文学家，那时候并不知道"文学家"是什么，感觉很高大上，但也不敢跟任何人说。一是怕说出来之后被人耻笑，再就是怕说出来之后，自己做不到特别丢脸。

可高中的时候，因为喜欢上二十世纪八十年代一些诗人的浪漫与自由。喜欢上海子异化的诗情、顾城童话诗人的浪漫，觉得自己也想做一个诗人。高中时候过得特别不顺，不知什么缘故，高中的同学尤其是几个学艺术的女生特别不喜欢我，也不喜欢我的好朋友老杨。

老杨诗歌写得很好。他不爱说话，一脸老成，特别爱看武侠小说。那时候，我们就经常一起写诗。某次，我在周记里写了诗歌，语文老师专门找到我说：你这写的哪是诗歌啊？又不像散文，又不像诗歌，完全是按照散文的方式在写，用了诗歌的方式来断句，就像"散文诗"。那时候不知道真有一种文体叫作"散文诗"，当时觉得那是对我写的诗歌莫大的侮辱。同时怀疑自己是不是梦想的方向错了，不适合写诗。

从那之后特别刻苦地研究诗歌的韵律和节奏，就是不信邪，一定要写出像样的诗歌。从那以后，再也没有在周记里写诗了，而是把所有的诗歌都写在了练习本上，不给任何人看，除了老杨。那时候我和老杨还约定，我们大学各自写自己的诗歌，大学毕业之后我们要合作出一本诗集。

后来老杨去了攀枝花，我们联系少了，他还有没有在写诗我也不曾知晓。后来我在《散文诗》那本杂志上发表了一组诗歌。大学以后，写了更多的诗歌，不断地在一些报纸上发表。不断地写，都不过是想证明自己可以做到。

后来为了解梦想之外的现实世界，我没有那么急于去做一个少年时就幻想的"文学家"。很多真正的文学家让我敬佩，从他们的经历里，也看到了追逐梦想的不易，甚至我一度觉得路遥就是在追梦的过程中累死的。

再后来我做了编辑，希望从文字工作开始慢慢接近梦想，让写作不离开自己的出发点太远。杂志编辑的位置上，我不仅在悄悄实现着自己的梦想，也希望帮助很多的少年作者实现他们的梦想。现在的我是追梦人，也是一个渡梦人，摆渡很多和少年时的我一样有着文学家梦想却悄悄埋藏在心里不敢告诉别人的少年作者。

记得我读大学的时候，填志愿。我填了汉语言文学专业，也

就是人们叫作"中文系"的专业。家人都问我，是不是应该填一些经济专业的，以后好找工作啊。幸而父母特别疼我，让我选择了自己喜欢的专业。说，既然选择了，就好好地做，以后不要后悔。我知道，我喜欢什么，我的梦想在哪里。从前怕被人嘲笑而不敢说，后来被嘲笑了觉得自己要更努力。

现在我在拼命地写作，走在了自己梦想的道路上，一旦开始，就不会停下。所以现在最怕的不再是被别人嘲笑，怕的是自己不能把梦想变得更好，在梦想的路上走得更远。我不怕别人嘲笑我，我想你的梦想也不应该在别人的嘲讽或者奚落里偃旗息鼓。

在这个世界，坚定而深情地活着

—

我一直在想，怎么来说 X 的故事。2014 年元旦前的某个下午，她仿佛如释重负地和我讲起了一个故事，听后我不知道该说些什么，往往安慰一个人的最好办法，那就是讲一个你比他更悲惨的故事。

X 是个 90 后的姑娘。还在念大学。

　　她出生在一个偏僻的山村，偏僻得到了现今这个思想开放的时代，那里的人们仍然存在着强烈的重男轻女思想。这让作为家里第二个女儿的她受尽了折磨，好像她就像太宰治那句话说的"生而为人，对不起"，生为女孩，就好像亏欠了爷爷、奶奶、外公、外婆那一辈人。因为长辈的重男轻女思想，妈妈作为外姓人没能为这家庭带来一个男丁，好像也有着很大的罪过，那种罪过转化成了对女儿厌恶的情绪。

　　有人说她经历了多少苦难，可不曾想，其实和她有着相似年纪的女孩，从生下来就在经历苦难。

　　父母外出打工，她被寄养在爷爷奶奶家，等待着她的便是奶奶无尽的折磨，动不动就打得女孩哭得撕心裂肺，甚至还捆起来抽打。老辈人顽固的思想，折换在她身上的便是皮肉之苦。

　　爷爷去世之后，她又被送到了外公外婆家。走到哪里，她都像是拖油瓶似的，尝尽了各种人情冷暖，更何况这所有的冷暖都来自自己的血脉亲人。痛苦加身，女孩便有了逃离的情绪，逃离这个像魔窟一样的家庭。

生活的美好或不美好对她来说都太苍白，有的只是绝望。

小学的时候，她的亲姐姐心情不好，便开始打她，打得不称意，果断拿起了文具盒里的铅笔扎进了她的脚里，铅笔芯断在了里面，鲜血直流。由于笔芯在里面断掉，没有清理干净，翻起来的皮肉久久不能愈合。

她笑着说：很可笑的是，在我后面，我们家里仍然没有一个男孩。

二

中学开始，能住校 X 都选择住校。哪怕是暂时的逃离，对她来说都是幸福的，亲人于她都已经失去了幸福感，她对于故乡也没有丝毫眷念。

高中三年，虽说住校，却总还是要有个归处。放假之后你得有地方去。前面的一年半，她在姨妈家，被姨妈嫌弃多余。为了继续生活下去，她没把那些话告诉远在他乡的父母，所有的苦水都独自吞下。

后面的一年半，她又住进了姑姑家，姑姑从来不和她说话。只有姑父，让她感受到了父亲般的温暖。无论是学习还是生活，姑父都非常照顾她。某次姑父醉酒，当着姑姑面说一直把她当女儿看待，姑姑当即就发起火来，骂他在说什么混账话！她在一旁听着，知道那所有的话既是说给姑父听的，也是说给她听的。

那段时间她特别消沉，却也一直在刻苦读书，仿佛拼命学习就能发泄掉所有情绪。后来有一次，所有积压的情绪终于爆发，她离家出走，没有去上学了。姑父到处找她，好像他才是她的爸爸，是这个世界上唯一真正关心她的人。找到她之后，姑父打了她一巴掌。年少的她被姑父带着回家，一路上她只是哭。

高考如期举行，她也照旧去考试。可在她心里，早已经觉得，高中念完要去打工。但她不知道，既然已经决定好了要去打工，为什么还要去参加那场可有可无的考试。其实在她的心底，多多少少还是喜欢校园里学习的氛围。但现实告诉她，她得打工挣钱，养活自己，再也不要看任何人的脸色。

高考完之后她便消失了。姑父依然到处找她，却找不到。非常生气的姑父终于找到了她的准考证，帮她填报了大学志愿。他一手把她送进了大学。他说，你以为你这样就能改变现在的状况吗？你能逃到哪里去呢？你打工不过是走了你父母的老路，贫穷、低头做人，只有读书才能改变你的命运。

三

年少的 X 那时候并没有真切地理解姑父说的那些话。

也庆幸她遇到了人生中的天使，姑父在她沉沦和迷途时，给她指引了方向。我们人生中会遇到很多的人，谁也不知道哪个人会是你的天使，当你心里面有若有似无的想法，那个能够在你背后把你向前推一把的人，就是你的天使。天使不能把你带向天堂，路始终还在你的身后。

X 念了经济学专业，却有着对文学的爱好。进入大学之后，她把大多数的业余时间都用在了打工挣钱和写话剧。大学同学和校园生活改变了她很多。回想起来，她对姑父有着无限的感激。

X 说，直接的暴力或者冷暴力，都对我的人生产生了太大的影响，所以我一直都对周围的人很敏感。我相信生活会变得更好，但我却很难相信爱。

我告诉她一个故事，说我有要好的朋友，也是个姑娘，她的 QQ 签名长期都是：这个世界并不是只有你一个人在受苦。她爸爸脑子有些迟钝，妈妈早年便已经离开，她一个姑娘要读书，要照顾爸爸的生活，还要时时提防着爸爸出去之后找不到回家的路，或者买些奇奇怪怪的东西回来。生活的重担压在她身上也不轻松，可她依然笑着在面对。

X 笑着说，或许那些苦难的经历会是人很好的成长背景吧。

她说，其实她心里已经少了很多对过去的恨意。她说起巴顿将军说过一句话：衡量一个人的成功标志，不是看他登到顶峰的高度，而是看他跌到低谷的反弹力。她说从来没体验过跌倒的感觉，从一开始便处在低谷，就像是站在一张弹簧床上，有一种力量无限制地把你往下压，压到最后那根弹簧只要没断掉，你会发现所有的苦难不过是你往更高地方飞跃的巨大能量。

　　说完，她拿出手机，给我看了给她姑父写的信。她说元旦要到了，自己和朋友在一起迎接了两三个新年了，一直以为是新的起点，其实发现所有的起点都是那些苦难的过去。

　　"今年下学期，我没有刻意地去兼职，我不愿日子总是穿梭在人流和公交车上飞驰而过，我更愿意从容不迫地，慢一点，更慢一点去生活。可能走出去体会和领悟会更多一些，可我更想沉淀下来，去整理整理这二十一年的感情和思绪，去规划未来的走向。"她信里有很多的情绪，也有很多对生活的原谅，她说："一直刻意地回避过去的一切，不肯面对，不愿提起，前几日在校园同好友一起散步念诗，才惊觉我竟在亲友的照料下突然长大了。"本想吐槽她很文艺，却不愿打破她的情绪。

　　她却说，有没有《傅雷家书》的感觉。

　　我想，她愿意慢下来生活，慢下来规划未来就是最好的。换作平日，她这样一个 90 后姑娘，走在校园里，你不会觉察到她和其他人有何不同，可她的心底却比同龄人经历更多。原谅过去，生活才能继续上路。

四

少年时，我也曾经历过贫穷或者苦难，虽与她的经历不同，却能够感同身受。她和我一样，大概每个经历过贫穷苦难或者自卑敏感与情绪万千的人，都幻想过文学能够给自己一个更美好的世界，哪怕只是处在自我观念世界里，但那个观念能够引领着你大步前进。X 说，她虽然学的是经济方面的，却想以后做和话剧有关的工作，她现在在写话剧，希望有一天能带着自己的剧本和演员团队，向更多的人讲述她内心深处的故事。

苦难曾经让她对这个世界充满恐惧，甚至如今都没有亲情之爱和对故乡的眷恋之情；苦难曾让她选择逃避，觉得打工挣钱，有了金钱就能让自己生活和人格独立；苦难曾让她以为逃离到一个没有人认识她的地方才能好好地重新上路，可她终于还是明白，出口就在自己的心里。不管生活对你如何刁难，你只要顽强地去回应，原谅那些苦痛，把它们当作成长的养料，你才能真正地恣意生长。

这个世界也许充满了不如意，但开心与不开心，希望与绝望的那个阀门永远掌握在自己手里。你满怀深情地拥抱它，它才能

给你一个充满微笑的回答。

　　正如延参法师说的：生活是个奇怪的东西，每个人都在经历，但却很难读得懂，生活从来没有一个固定的模式，所以需要我们在各种矛盾中协调，甚至能够越过障碍，看到更远、更宽的未来，创造好自己柔和的生存氛围，用温和、豁达去了解人生、解读生活，需要几分谦卑，需要几分原谅。

学些无用的东西，它们终会成为你生命的底色

一

去年，约过一篇稿子，用在杂志上，是周文慧的《我要你有什么用》。在感情里，常常争吵的时候，女孩这样骂男孩，偶尔男孩也这样骂女孩：我要你有什么用？

在成功学当道的今天，我们都恨不得找到成功的捷径，快速走上人生巅峰，出任 CEO，迎娶白富美。我们也会觉得励志故事

有什么用？又不能带给我们成功的最快方法。看了不过是不痛不痒的隔靴搔痒。我们总想找些对自己"有用"的东西，不管是工作、生活，还是感情。

大学有个老教授，颇有名气，叫熊笃。我们私下叫他笃大爷。他写得一手好词赋，很多景区都有他老人家的题字题词。他也特爱在课堂上和我们炫耀。人活一辈子，什么都看过了，见过了，经历过了，他炫耀之余，常常还会和我们说些其他的东西。

他教的是古代文学，主要是元、明、清文学。

有次，他在课堂上语重心长地跟我们说：你们啊，还年轻，应该学那么一两种乐器。你们年轻人不都爱吉他吗？学会一两种乐器，你会发现，在漫长的人生里，你找不到前进的方向或者无事可做的时候，特别容易陷入一种虚无和妄想里，一个人有些无用的爱好，弹弹琴、唱唱歌、哼哼曲调，我跟你们说，在中年的时候，你会发现那可能是你人生很有用处的东西！

老爷子又跟我们说，你们这些年轻人，就爱看些网络小说。看书啊，其实也不要太拘泥。看来看去，总是看自己喜欢的文学体裁，看那么几个自己喜欢的作家。应该多看一些其他的东西。只看自己懂的、会的、喜欢的东西，有什么用呢？虽然看了不同的作品，却好像是把同个作品看了一遍又一遍，你得多看点儿乱七八糟的东西，对你来说也是一种收获。

老爷子在讲台上说话的时候，台下买账的并不多。老爷子特爱在课堂上抽学生回答问题，大家都怕被抽到，于是老爷子说完话，大家都会拼命地鼓掌，老爷子一开心，可能就会放过答不上题的人。

老爷子说，现在啊，专家学者也只能叫专家学者了，很难像古希腊、古罗马时代那些知识分子那样，都是全才，雕塑啊、文学啊、哲学啊、天文学啊，什么都懂！

二

80后的H现在应该是国内最大的宠物类电子商务公司的老总了。

当年高考成绩差，念了一所很烂的大学。在一所很烂的学校念了自己完全不喜欢，但家人喜欢的土木工程专业。这种高大上的专业，不读个名校学出来基本等于白学，毫无用武之地。土木工程常常会用到的软件 CAD，他也学得很不好。

但是读了这个专业，不喜欢也得念下去。既然来了，也没后退的余地了。

毕业之后，他进了一家很小的建筑设计院，毕竟是学土木工程的。来设计院之后，底子太差，身处一群高精尖的同事群里，特别找不到存在感。

公司里有个技术男特拽，脾气也特大。H 就发挥了死不要脸的精神，天天拉着技术男，要他教自己做一些工作。虽然大家都有点儿看不起 H 的死缠烂打，但毕竟大家都负责不同的项目，互相之间也没有太多的瓜葛，也都没有特别地表现出来。

H 常常还请技术男吃个饭、抽个烟，搞得技术男也特别不好意思拉下面子不理他，也便让他看着自己工作，偶尔还给他指点一些迷津。

都说笨鸟得先飞。H 不是特别聪明的人，但却是非常有好奇心和行动力的人。经常在完成自己的工作之后，就跑去看别人怎么工作。每次看别人做 PS 或者 Flash 的时候，都看得特别认真。其实他的工作完全用不着这样的软件。看得认真了，也便陶醉在里面了。

于是他跟同事说，哎呀，你这好像很好玩，教教我吧，我帮你做。

他不懂 PS 和 Flash，同事心想，你愿意免费帮我做，也就教他了。他学 PS 和 Flash 的时候特别认真，常常为了和自己没半毛钱关系的工作，帮别人做工作，也不觉着累，反而把 PS 和 Flash 玩出了乐趣。

不知道是谁说的，兴趣是最好的老师。一来二去，他竟把这两个设计软件玩得非常顺溜。就算离开建筑设计行业，他也完全可以靠着那点儿技术，在广告公司混得如鱼得水。

后来他离开了建筑设计院，和几个朋友一起，创立了某宠物类 B2C 电子商城。几个大学生模样的男孩，开始做的时候何其艰

203

难，自不必说。刚开始做的时候，H肩负了网站的运营和推广工作，其他人分别负责了技术、商城的货源、物流等相关工作。开始的时候生意特别不好，没有多少人知道他们的网站，需要买些宠物相关的东西都去了宠物店。虽然宠物店、宠物医院的东西价格高得离谱，也是没有办法。

H做推广的时候，当初在设计院学的那些没用的技能——PS和Flash起到了很大的作用。他把那些营销推广方案做得十分精致，还用Flash做出了萌味十足的病毒营销短片，大量精致的宣传资料投放在论坛、贴吧和QQ群里，很快就吸引了一批客户。

当年没有人会告诉H，你学吧，有一天你会离开这里，会开公司，到时候会用到PS和Flash。可他就是凭借着自己的兴趣，学了那些无用的东西，水到渠成的时候，自然地流淌出开阔而浩浩荡荡的大河。

我们的一生，说长不长，说短不短，我们要面对的人和事，面对的工作，面对的职业，面对无数的人生可能，谁都无法估量。也没有人会知道未来怎样，就像我们没办法后悔，把一切都拉回到当初，说：如果当初我学会这个该多好啊！

如果当初你没把英语学好，多年后一份好的外企 offer 摆在你面前，你只好尴尬地笑笑，说："不好意思，我英语不好！"如果你当初没把游泳学好，突然有一天，心爱的女孩约你前去游泳，你也只能摆摆手，说："不好意思，我不会。"谁也没办法告诉你，你要面对什么，也没有人会告诉你，你学这个吧，以后你迟早会用到的！

三

我想，你也应该看到过很多这样的故事。他们，辛辛苦苦地工作了一辈子，五六十岁退休，好像人生奋斗的一切都戛然终止。退休之后，身体尚且健康，接下来要做什么？好像就是在家里待坐着，然后等待死亡的来临。有些外向的大叔大妈，可能跑到了小区楼下，集结了一帮同龄人，跳起了广场舞，如果不跳，大概他们会无聊得要死。他们可能就是你我的父母或者家中的亲人。

之前在某本书上看到个故事，有个精神矍铄的老头，年轻时是一个优秀的企业家，那会儿他也没有像我们现在，还会为自己的人生有担忧和选择，觉得以后要做自己喜欢的工作。老爷子年轻的时候，没有读多少书，但是特别拼命，做一件事都要把它做到极致，不管喜欢与否。中年的时候，开始感觉到一种来自生命深处的苍白无力，于是开始看书，看很多的书，然后又开始学着拍照。在他退休之后，年轻时赚的不少钱，成为他外出旅行的资金，他外出拍照，也开始写作，最后还成为一个能写能拍的作家。这何尝不是一种生命的新起点！

有个关系很要好的学弟。他平时不太爱说话，以前拍他的期末作业时，他选择的选题是纪录片，拍摄一群大学生毕业前一个月的生活求职与精神状态。他把摄像机对准了我们高他一级的老油条。我们也经常把学弟推倒，摁床上装作要羞辱他的样子。

这是个很好的男孩。他爱写诗，有着很好的文字基础。一直以来我都有点儿担心他会和曾经某个时段的我一样，呆呆地不知道怎么去面对外面的世界，工作、生活或者感情中会碰壁。结果却出乎我的意料，他毕业之后，和一群小伙伴创立了一家小旅行社，主打微旅行，帮助城市里那些年轻人打发周末的时间。后来公司运营不当，倒闭了。原班人马又成立了文化传播公司，做视频、广告、企宣等。学弟在里面担任创意总监的位置。偶然在地铁站碰到他，他还是那样不爱说话。

　　但常常看到他在微博上更新自己的作品，不再是诗歌而是绘画。他的绘画作品越发地技艺精湛，从来没有专业学过绘画的他，在大学的时候我就知道他爱画画，那时候的画和现在完全是天壤之别。那日，看他微博上更新了一幅画，画中一个北极熊背着一个庞大的袋子，像个发礼物的圣诞老人，只是袋子里装的是垃圾和塑料瓶。背后有个小男孩，蹲在地上，也帮着北极熊捡拾垃圾。配文："少年L帮熊先生收集瓶子讨生活"。学弟画作的签名便是L开头的单词，我想，那画中的少年便是做着传播公司创意总监的学弟的另外的化身吧。

　　看到那幅画，从画风、色彩到配文，都感觉有了某种类似几米漫画的风格。我想，假以时日，不难想象他会成为一名有丰厚功底的漫画家。谁也不知道以后会怎样，但他对绘画的研究，至少开拓了他人生的一种可能。

四

医学上有类似的说法：

20岁左右，是我们吸收文化知识的最佳时期。也是我们最能集中精神，大量吸收各种可能知识的年纪，你大可以去学习乐器、绘画、舞蹈，或者任何可能毫无用处但却是你热爱的东西。也许你会问，退休之后再学习不可以吗？当然可以！可是，人从40岁左右开始，大脑额叶就开始退化了，随着额叶老化，我们越来越难以接受新的东西，思维开始形成定式，我们学习新鲜事物的能力开始下降。我们就渐渐变成了那些我们讨厌的"老顽固"。你只有通过学习各种各样的东西，刺激你的大脑额叶，从而延迟它的退化，才能让你成为某些就算老了，也非常 fashion，能和年轻人一起愉快玩耍的人。

女孩对男孩说：我要你有什么用？

少年对老师说：这高等数学我学了有什么用？

你我对赚钱以外的东西说：这些东西到底有什么用？

我们被"有用"这个标准禁锢了太久，在这个成功学的时代，我们丢弃了很多丰富人生的可能。放弃有用的思维，或许我们能够过得更开心，也为我们的人生展开更广、更远的路。

　　无用之用，大概是最大的用处。你不会出于某种目的急功近利地去追求掌握、追求成功，出于本能的热爱，去拥抱一种属于自己的技能或者爱好，越来越多的不为追求成功而学习的掌握的东西，就越发地丰富了你思维世界的厚度，成为你生命的底色。那些东西未必会给你带去成功，但它曾经在某个时候给你带去了快乐。

活得骄傲才能活得精彩

那年，周星驰还年轻。在《家有喜事》里是唇红齿白的花花公子模样，见着女孩就会说：我觉得我们发展下去会是一段伟大的爱情故事。爱情里，男男女女们深陷其中，又生出许多纠葛，爱情成了书写不完的传奇。

梅兰芳和孟小冬本来也应该是一段伟大的爱情，一段旷古烁今的梨园爱情佳话……

　　孟小冬生于梨园世家，12岁即登台，获得了台下万千呼声，弱女子竟唱出须生的刚劲力量，18岁就有了"冬皇"的美誉。

　　同是一个舞台上的顶尖人梅兰芳。一个须生之皇，一个旦角之王，他们的合作成了世人最大的享受与期望。一次堂会的《四郎探母》，成就了这两个适龄男女的相识，那是艺术上的相互倾慕，也从舞台上延续到舞台下，成了一段梨园佳话。

　　戏迷们乐得见这女须生、男旦角反串的爱情，当时梅兰芳已经有两房太太，而且太太福芝芳很反对梅兰芳的这段恋情。或许就是命中注定，尽管孟小冬的家人也有反对，但孟小冬仍然没能像刘喜奎一样，从那段感情里全身而退。在感情里，刘喜奎和梅兰芳相互倾慕，甚至一度谈婚论嫁，但刘喜奎聪明，终在那段感情里全身而退。孟小冬爱得深沉，爱得义无反顾，爱得在自己事业正是巅峰时，甘愿为了爱情在院宅里独为一人吟唱。

　　她在舞台上是刚直不阿的男角，而他是聘聘婷婷的女旦，交错的身份给了她敢爱敢恨的决然，也让他扭转了一段梨园"伟大的爱情"。

211

福芝芳反对，梅兰芳没能给孟小冬名分，把她安置在别宅他院。结婚九个月，不幸的事情终究还是来了。孟小冬的戏迷疯狂迷恋她，对梅兰芳和孟小冬的结婚很不满，他们觉得梅兰芳夺走了他们心头所爱。

梅雨田夫人的过世，成为压塌梅孟感情的最后一击。孟小冬按照礼数去给婆婆守孝，却被福芝芳叫人挡住，不承认她是梅家人，没有资格前来守孝。这无疑是让孟小冬受到了最大的耻辱。而梅兰芳，并没有站出来给孟小冬主持公道。

舞台上扮演过太多刚直不阿的角色，演绎过太多彪炳千秋的故事，那些戏文都早已融入到她的血脉里。一介女子，甘愿为爱情舍弃自己红火的事业，但舍不掉那骨子里的骄傲。被梅家如此对待，终于那份骄傲让她像自己戏文里演绎过的角色一样，为这份感情果决地划上了句号。

为了梅兰芳而退出戏台，孟小冬仍是有着太多的拥趸。她是要给自己一个交代，也是给世人一个交代。成就不了一段伟大的爱情，也要成就自己不屈不挠的人生。她在《大公报》头版连续登报三日："冬当时年岁幼稚，世故不熟，一切皆听介绍人主持。

名定兼祧，尽人皆知。乃兰芳含糊其事，于桃母去世之日，不能实践前言，致名分顿失保障，毅然与兰芳脱离家庭关系。是我负人？抑或负我？世间自有公论，不待冬之赘言。"

孟小冬从来不期望世人来替她"公论"。"是我负人？抑或负我？"她也并不想要追究。她作为女子，为感情做了最大的努力，好便是好，不好便是不好，这次她要为自己做努力。或许孟小冬从来不像刘喜奎那般聪敏，识不得爱情里的坚定、果决，但她却识得自己内心的爱与不爱。你若爱我，我为你放下所有的虚名，你若弃我，我绝不回头。接连三日的登报，她不是要让梅兰芳给她一个交代，她只是自己为那段感情划上句号。

孟小冬的那份果决依旧何其珍贵，从来不为了虚伪的幸福而忍受尊严的屈辱。现如今，新闻里轮番地报告着，太多的女子在感情里、在家庭里忍受着或冷或热的暴力，最终为了面子仍是放不下身段。有的女孩，觉得自己谈了几年的恋爱，凭什么男孩说分手就要分手，自己所有的感情、所有的习惯、所有的依靠都好像被抽离得一无所有。不忍，不舍，放弃尊严地哭着祈求着能够挽回。所有的感情，到了无可挽回时，就算短暂的挽回，也很难破镜重圆。

213

　　婚姻失败的孟小冬一度颓靡，当她决定复出，还没有登台，所有的戏迷就给了她最大的呼声。就像孟小冬离开梅兰芳时说的那样：我今后要么不唱戏，再唱不比你梅兰芳差；要么不嫁人，再嫁人也绝不会比你差。那份决然，让她在戏台上的光芒更是盖过了往日，她还是那个带着豪气的"冬皇"，还是那个敢爱敢恨的骄傲女子。

　　是的，再嫁人也不会比梅兰芳差。中年的孟小冬，嫁给了一直追求她的上海大亨杜月笙。杜月笙的爱，爱的是她要唱戏，他就给你一片舞台，爱的是她在舞台上婉转铿锵。那份爱与尊重，也打动了骄傲的孟小冬。多年之后再嫁，不再是要和梅兰芳斗，她知道自己想要的爱与尊重，梅兰芳给不了，而杜月笙能给。

　　相互欣赏与倾慕，成全了中年的孟小冬。杜月笙更年长，孟小冬也寸步不离地照顾着杜月笙。他们的爱，是尊重的相互成全。

　　爱就是爱，不爱就不再纠缠。从来没有谁比谁地位更高，谁比谁更离不开对方，谁比谁差。爱是尊重，爱是相互付出，否则只会沦为无谓的纠缠。泪落了，心伤了，最后连最基本的尊严也没了。在情感环境还不如今天这般自由的民国，几十年前的孟小冬就已经想明白了。现在可还是有很多女孩没有想明白。

爱情里，我们都感受过那种美好的魔力，可感情破裂时，我们却带着太多的恐惧，我们怕失去习以为常的情感状态，我们怕失去有一个人在身边的感觉，我们怕看到微博、微信里大家都在晒幸福，自己却孤单感觉，我们总是觉得改变会让自己无所适从。"虽然他这不好，那不好，我还是舍不得"，所有这些不过是我们丢了自尊之后的自我伤害与无谓纠缠。

感情的世界里，没有谁离不开谁。就算孟小冬能够为感情抛弃一切，她也还是能够一点一滴地把自己抛弃的东西全部捡拾起来，因为她丢掉了所有虚浮的东西，唯一没有丢掉的是自己的尊严。

孟小冬的骄傲，让她把为爱舍弃的东西重新捡起，余下人生她凭借着自己的那份骄傲在事业和感情上都活到了最好。爱情的双向选择里，敢爱敢恨是最基本的能量。八十多年前，孟小冬可以做到，我想今天的你，也一定可以做到。

「爱就是爱，不爱就不再纠缠。

从来没有谁比谁地位更高，谁比谁更离不开对方，谁比谁差。

爱是尊重，爱是相互付出，否则只会沦为无谓的纠缠。」

part4

只要奋斗不息，人生终将辉煌

也许有人在你前行的路上给你设置障碍，也许有人否定了你的努力，但你要明白，当你知道自己想去哪里时，谁也不能阻挡你前行的脚步。

人生就是需要不断地折腾

　　折腾姑娘是个特别能折腾的人，她不是那种在感情上特别爱来事儿的女孩。80 后的尾巴，还不到 90 后。她像所有故作坚强的姑娘一样，外表无比坚韧，内心里却有着侠骨柔情，见不得别人受委屈，自己也是狠狠地拼命，遇到委屈的事情，默默地流泪，流完眼泪之后还要继续战斗。

　　有个相识十多年的女孩，也是这种性格的姑娘，从她那里我清楚地知道，但凡这样的女孩，看起来像女汉子，内心深处却有一朵洁白的莲花，受伤的时候比谁都渴望被疼爱。折腾姑娘因为爱折腾，所以从来都不想把自己软弱的一面示人。

她大学在北京念的，毕业之后就从了心，进入了出版行业。出版人，听起来是多么美好的职业，理想丰满现实骨感的故事你我也听过不少，这个行业正严重地受到互联网的冲击。每个出版编辑，一个选题从立项，到催作者稿子，到后来被作者催书的进度、催稿费，然后被市场部各种要求协调推广，更别说期间遇到奇葩的作者和同事，总之那叫一个苦，辛辛苦苦做出一本书，选题费却少得可怜。

但她是折腾姑娘，所以她注定了要为自己的热爱而不停折腾。她在某知名出版公司，签下了一本艺人图书。艺人非常知名，对外谁都喜欢他，觉得他简直就是古装小王子。但谁也不知道，这个艺人私下非常奇葩，做本书，写得烂不说，还爱搬弄着各种让折腾姑娘无语的设计，设计师做得好好的，最终被他改得面目全非，连书名都做得毫无创意……一来二去，气得折腾姑娘不行，下班之后，同事们都走得差不多了，她自己一个人坐在北京这繁忙大都市里的一栋豪华写字楼里，在小小的属于自己的工位格子里失声痛哭。

拼命做选题，忙着做设计，最终被改得面目全非，且毫无市场卖相，觉得自己好不容易孵出的崽儿，就这样被毁容了。类似这样的事情太多，她年纪轻轻，像所有刚进入这个行业里的新人一样，带着十足的冲劲，只是她的冲劲比别人来得更猛、坚持得更久。如果选择自己热爱的事业，都不能在其中奋斗，那么人生2/3的时间里，我们都要用工作来换取生活，那漫长的时间我们又如何来安放？

一家大公司在外面看来，不管怎样地金碧辉煌，折腾女孩都知道，她作为其中之一，都只是微不足道的一颗小小螺丝钉。但对个人来说，知道我们的方向在哪里，于自己的人生却是最好的指引。好像我们都是打工者，为我们的上级领导打工，我们的领导为他们的上级领导打工，都是这样食物链般的轮回，人生好像就简单到三言两语可以概括，那么我们究竟是为什么活着呢？每一个方向，都是自己的选择，折腾姑娘选择了死磕。一年多以后，她的桌子上堆满了各种自己策划的图书，那是成绩，也是一步一步的阶梯。书到用时方恨少，把知识当作垫脚石的时候，往往你比别人多读那么几本书，你就能看到更高的风景。

折腾姑娘成为了部门主管。好像所有的大公司都是那样，等级制度鲜明，一旦你爬上一个小小的高位，你就像进入了养老院，从此好像可以不用再那么努力，就能拿到一份满意的工资。对她来说可不是那样，每个努力的人，都会得到幸运之神的垂青，机会来了，折腾姑娘选择了跳槽，继续折腾。

折腾姑娘从来都信奉没有安逸的人生，安逸是属于死者的，永远躺在那里，不用思考明天，也不用思考未来。

新公司是一家著名的 B2C 公司，占领着国内图书网销的半壁江山。

她在新公司依旧做着自己的本行——图书策划，并且开始了新的领域、新的方向。似乎她在心里也像策划一本本图书一样，早已策划好了自己的人生。从来不把人生固守在某一点，也从来不会固守在某一个公司。往往不断地腾挪转移，不断地折腾之后，我们才可能看到真正属于自己的东西。

在新公司，折腾姑娘上班第一天就加班到很晚，可她看到的却是一个完全和自己想象不同的环境。似乎每个公司都有着一个庞大的"养老院"。不同的是，刚到新公司的折腾姑娘，为着自己的目标折腾时，几个年长的策划人和她说：小姑娘，你还小，不用那么拼，以后的时间还长着呢！

而那些个公司老人，脸上几乎都有着一副同样麻木的表情。她很想问他们：你们在这里究竟是过了十年，还是这一天被重复了十年？想着觉得不敬，咽回了肚子里。似乎所有人都适应了那个麻木的节奏，每一天不断地轮回，谁也不愿意更努力，谁也不愿意去改变，谁也不愿意摆脱那份不咸不淡的安逸，好像你的努力、你的奋斗、你做出的成绩就是对他们麻木生活的否定。他们站出来，不过是不希望折腾姑娘太拼命，毁坏了他们在高层眼里的位置，他们从来都没有想过自己在哪里，心里面有的只是那个给自己发工资的人眼里的位置。

折腾姑娘知道，无论走到哪里，都会看到那样的面孔——每天早上从温暖的被窝里爬起，机械地穿好衣服，坐着同个时间点的地铁，刷着微博看着和自己无关的讯息，却又觉得不得不看那些新闻，以免和社会脱节，在这个过程中反而和身边的朋友越来越疏远；每天走在同样的街区，吃着同样的工作餐，开会时从来都是拿着笔在本子上乱画，好像是在记录某个领导的讲话，而那些讲话的人自己都知道，自己说的不过是毫无意义的废话，还是不断地絮叨……同样的生活，一次次地轮回；同样的经历，在越来越多人身上发生。每个人都做着机器人都可以操作的事情，却常常要自诩为高等生物。

折腾姑娘不想成为那样的人，折腾姑娘依旧在忙碌，忙碌地把每个会讲故事的人送到读者面前。她听过一个北漂作者写的追梦往事，经历颇多，在梦想面前磕磕绊绊，心酸中带着泪；她听过一个老翻译家，说有出版公司悄悄加印他的书卖，却不愿意付钱；她听过一个老作家说自己的写作生涯，人生剩下不多的时日依旧做满了创作计划，临走时还送给她没有人看的用心写出来的诗集，几百本她都不知道还可以转赠给谁……

很多的人就有很多的故事，也有很多人依旧在努力，追逐自己的梦想，折腾姑娘觉得，老者写着没人愿意看的东西都仍在继续，她正值青春，又有什么理由不和未来折腾到底？也许有人在你前行的路上给你设置障碍，也许有人否定了你的努力，但你要明白，当你知道自己想去哪里时，谁也不能阻挡你前行的脚步。

223

如果说选择是带有命运色彩，排除命运的部分，学习能带给人更宽广的视野，让你在以后的每一次选择里，都能更清晰地朝着更好的方向走。

视野的宽度决定了你人生的深度

　　Z 小姐是个小有名气的作者，现在你偶尔在书店或者豆瓣上可以看到她的文章，你也时不时会在某些杂志上见到她的名字。

　　那天，她突然跟我说：我觉得人的选择太重要了，选择就是个二元对立的玩意儿，你选择了 A 也就意味着抛弃了 A 之外的所有东西。她说如果当初她选择了另外一条路，她的人生就不是这样。她得感谢读书，读书确确实实改变了她看世界的方式。

　　Z小姐出生在一个偏僻的南方农村。她从小就特别喜欢看书，也不特别爱说话，在村子里，留给人们一个好孩子的印象，乖姑娘自然就成了村子里家长教育自己孩子的典范。动不动就是，"你看看人家Z小姐，一天多爱学习，你再看看你！"这样的句子几乎在村子里很多的家庭里出现过。

　　她被当作一个模范标兵似的被村子里的人捧着。她几乎是所有家长心目中的好孩子，她的家人自然也是乐得姑娘在外面有个好形象，家长嘛，都爱在外面夸夸自己孩子如何如何好。但她妈妈并不像其他村妇一样，她特别爱看电视，对外面的世界是有着向往的距离，这种向往就像广大农村里大多数家庭一样，把期望都寄托在了孩子身上。她希望姑娘不只是个爱学习的姑娘，还能带着她的梦想飞，就飞到那城市去扎下根。

　　在乡村，相对闭塞，家长也大多没受过什么教育，在他们有限的知识里，觉得中国只有两所大学，一所叫清华大学，一所叫北京大学，其他的都不叫大学。他们觉得Z小姐注定就是要飞出山村，成为清华大学、北京大学金凤凰的姑娘。在她还读中学的时候，大家见到Z小姐的时候就经常以"大学生"称呼她。大学生来大学生去，在一个只知道清华大学、北京大学的地方，叫到最后好像成为了一种咒语或者说谶语。

然而，老天开了个国际玩笑，Z 小姐考得相当不理想，别说清华大学、北京大学，连一本线都没有上得了。这对她来说，是一个很大的打击，村人眼里，那种惊疑的眼光对年少的姑娘来说，更是扎得她生疼，万众期待你能变个金凤凰，最后却变出了个落汤鸡。

那个暑假 Z 小姐把自己关在家里，哪里也不去，几乎走到哪里都能看到意味深长的眼神或者听到无声胜有声的叹息。她跟妈妈说，不想去读书了，想去沿海城市打工去，这是她试图做的一个可能改变自己人生的重要选择之一。

妈妈语重心长地说，你想像村里其他人那样，自己辛辛苦苦地在流水线上工作一整年，到了过年风尘仆仆地回来，一辈子待在这片土地上吗？

她不置可否。妈妈继续说，如果你真想工作，要不家里托点儿关系把你送到镇上的中国邮政那里去吧，好歹那是个国企。她想了想说，我才不要做那种收发信和报纸的工作。

她心里面其实也隐藏着一些不明了的期望。

偶然地，她去镇上买东西，回来之后路过一个小学同学家的院子。院子里热火朝天，一群人老老少少地围在一起打麻将。其中有一方坐着自己的小学同学，姑且叫她 X 姑娘吧。她看到 X 姑娘的时候，碰巧 X 姑娘也回头看到她。

X 姑娘怀里抱着一个几个月大的小孩，袒胸露乳地给孩子一边喂奶，一边打麻将。她看到 Z 小姐的时候，有点儿不好意思地拉了拉衣服，盖住了自己的胸部，向她打招呼，让她过去坐坐聊聊天。

Z 小姐看了看周围一群人，男女老幼都是村子里的人，而这个同学也就是十七八岁的姑娘，却是一个小孩的妈妈了，当众喂奶的画面多少对她有点儿刺激。她说不去坐了，要赶紧送东西回家，托词离开了。在她离开的时候，还听到 X 姑娘在那大呼："别忙，碰！那张牌放着！"

Z 小姐不想做 X 姑娘那样的人。大家都是同学，X 在初中毕业之后就没有再读书了，去外面打工，然后和现在的老公好上了，当同学们都还在读书的年纪，她就早早地为祖国的下一代添加了一份子。

回去之后，Z 小姐果断地决定要去读大学。最终她做了认为能够改变人生的另一个决定，她觉得这个决定会带领着她的生活朝着一个更积极的状态发展。她不知道大学会为她带来什么，但她知道她不想要成为 X 那样的女人。

到了大学之后，她拼命地勤工俭学，做很多份兼职，为自己挣生活费的时候，也在为妈妈减轻压力，她早早地就承受着来自生活的艰辛。有一次她遇到一个招募家教的机会，按照小广告的电话打过去，是个女的接了，对方表示歉意地说，已经找到了。她很失望地挂掉了电话。后来想了想，她觉得自己很想要得到这次机会，于是再次打电话过去说："您好，我不是想要干扰你的决定，如果可能，我很想要得到这样一次机会。"于是她得到了。

都说国家不幸诗家幸，文学总是和悲伤、敏感、贫穷等颇具负面情绪的词汇相连的，大概文学是一直处在苦难环境里的人们对未来最好的期望和想象。Z 小姐从喜欢看书，到开始尝试着写作，开始买一些杂志回来研究，再在书店里找到同类的作品学习。与此同时，一边兼职着打工，一边开始在豆瓣上发一些文章，给一些杂志投稿。

陆陆续续的稿费，也缓解了她不小的生活压力。她甚少写到自己少年时候的经历，那天她拿出一篇颇带情绪的文字，说这是她从未发表过的文字。我看了看，那些也确实很难发表，里面全是她对那些负面的、艰难东西的表达。她说她很庆幸自己选择了读大学，而不是选择当初去外面打工。

她笑着说，自己曾经很排斥跟妈妈说自己不要去邮局分发报纸和信件。毕业后却做了很长一段时间某大公司的行政前台，讽刺的是，她的工作几乎就是每天把公司订阅的报刊杂志以及信件分发到各个部门相应的人手里。但她认为这已经比一个十七八岁的女孩当众在一个混乱的环境里给孩子喂奶要强好多。

大学生活对她来说未必轻松，但也给她带来了很多收获，就像她说的，人的选择太重要了。所幸，她选择了一条更宽广的路，她选择了继续接受教育，继续读书，继续艰苦，要体验到不一样的生活。她从那个偏僻的只知道北京大学、清华大学的山村里，

学习能带给人更宽广的视野

来到繁华的大都市，她经历着大都市的各种艰辛，也经历着大都市将要带给她的无限可能。

看到了太多，经历了太多，她很庆幸当初选择的是一条更宽广的道路，选择了一个更丰富的人生。她的写作之路也越来越顺畅，不断的杂志约稿和图书约稿，让她从村妇跳跃到作者或者说作家。她说如果说选择是带有命运色彩，排除命运的部分，学习能带给人更宽广的视野，让你在以后的每一次选择里，都能更清晰地朝着更好的方向走。

那些正能量都来自于负能量

一

你一定看过电影《阿甘正传》，我看的时候特别有触动，觉得阿甘就好像某个时候的我。

阿甘不聪明，但是他特别执着。被同学欺负的时候，他就跑，妈妈希望他以一个正常人的姿态去生活，而珍妮的陪伴，让这个傻男孩感受到了生活的意义。他虽然笨，但他一直在努力，他的努力改变了他的人生。本来他是个弱智，只能进特殊学校，可后来他尝试了不同的人生可能。

我小时候身体一直不是特别好，虽然爸爸是乡村医生，可我常常还是会有这样那样的小病，甚至有一次，在从家里到学校的路上，途径高速公路，因为发烧病倒在路边的涵洞里睡着了。

记得那时候，爸爸常常会弄各种中药炖鸡、炖猪蹄或者其他补品给我吃。

身体弱，在学校也常常被同学欺负。有一次在和同学的打斗中，把同学推倒在石阶下，他脑袋磕出了血，没收了我的书包。常常我也有被同学欺负，厮打在一起。虽然那时候有个发小读书不太好，但很讲义气，经常会站出来帮我，可他并不能时时刻刻都在我身边。

小时候的乡下还特别迷信，因为身体弱，头发杂乱丛生，在当地的说法叫"走魂"，说是三魂七魄有的魂魄走丢了，现在想想不过是当时身体太差的缘故。那时候被认为是"走魂"，常常被带去看一个年迈的"仙娘婆婆"那里看病，据说她可以通灵。

　　我记得妈妈让我从家里拿着一只鸡蛋跟着她，一起到仙娘婆婆家去，那婆婆年纪已经很大，脸上的皱纹都皱在了一起，头发花白而稀疏，说起话来因为牙齿缺失而显得怪异，像是在念着某种咒语。大概因为年纪小，加上身体弱，人也特别胆小，虽然对仙娘婆婆有所畏惧，可妈妈叫我好好站着，我也不敢吱声、动弹。婆婆拿着碗、米和香，在鸡蛋上举行仪式，说让我回去吃了就会好。

　　年少的我似乎整个人就是个负能量的集合。但毕竟年少，年少无知，却也漫山遍野地跑，在羸弱中度过了还算快乐的童年。

二

　　中学时，喜欢上一个女孩。本以为会是一个美好爱情的开始，也会有美好的结局。

　　那时，她是语文科代表，负责检查我们的日记，人特别懒的时候就不愿意写，她总会给我留时间，或者她帮我写。一来二去，我们的关系也算得到了同学的认可。大概有同学向老师告了密，老师质问我们是不是上课传纸条。我拍着桌子站起来和她对峙，说："你哪只眼睛看见我们传纸条了？"

后来我和女孩开始极少说话，所有交流都放到了放学之后。因为喜欢一个人，所以变得特别自卑，那时候总觉得自己不管是外观、学习还是其他方面都配不上女孩。因为自卑，也就特别努力，学习成绩也算突飞猛进。

年少，总会有很多属于青春期的问题。相互喜欢，最后还是天各一方。

高中时，在重点中学，整天埋头学习。虽然初中就喜欢写作，觉得自己文笔还不错，在学校里开始尝试写小说、写诗歌，在同学之间互相传阅，可因为课业太忙，又是封闭式的管理学校，就错过了新概念作文大赛。那时候新概念作文大赛已经推出了韩寒、郭敬明等少年作家，觉得自己始终是慢人一步，或许那也是我的一个希望。大学的时候，才在年龄限制的最后一年，给新概念作文大赛投了几篇稿子过去，算是给自己的青春划上一个句号，没想到那时候作为大赛的大龄参赛者，还得了个入围奖。名字被印在了《萌芽》的二封上。

中学时特别想去中国传媒大学，拼命地学习，却怎么也赶不上班上优秀的同学，统计高三下来的所有成绩，觉得自己也不是没有希望。最终成绩下来，妈妈只是摇头，什么也没有说。于是选择了一所和中国传媒大学有着天壤之别的学校念了中文，想着也是追逐最初的梦想。

也许我总是和某种负面情绪与状态相连，可也知道自己想要什么，这或许对我来说已经足够了。

三

作为 80 后，却像是被 80 后抛弃了，但感觉所有 80 后的缺点又都落在了自己头上。虽喜欢文字，但大学的时候，一个文学社团的老师说我的文风太具网络风格了，显得太散、太乱。

接下来便是拼命地看别人的文字，拼命地调整作品里给人的感觉。

学校的报纸有 ISSN 刊号，在那里工作，对自己来说也是一种靠近内心所想的途径。当时想要去做新闻周刊类的记者，最早还想过要去做战地记者，后来想想自己的英语太烂，还是新闻周刊不错，拼命地拿了好几个重庆新闻奖。可是在毕业后，找工作艰难到能找着就不错了。显然我又被梦想给抛弃了。

最终去了一家在纽约证券交易所上市的大公司，发现公司里的制度和人际关系烂得一塌糊涂，除了会剥削员工之外什么都不会。那时候在网站不仅要做编辑，还要做记者，甚至让从来没有学过 DW 的我，做网站专题搭建，还要扛起相机、摄像机出去拍行业新闻。

那时觉得工作异常辛苦，可也在拼命地挣扎，毕竟找个工作不容易。

就在那个时候，妈妈突然罹患癌症，重病，又不愿意让我辞职回家照顾她，妈妈说，找个工作不容易。妈妈是个农村女人，没有受过多少教育，还能那么地理解外面世界的竞争，希望自己的孩子能够在外面的世界立足。经历了一年多的挣扎，妈妈痛苦，我也痛苦。当年填报大学志愿的时候，也都是因为家人才捆绑在重庆，不然或许我已经去了海南大学念戏剧影视文学专业。

239

后来跳槽去了杂志社。一直觉得自己特别笨，行为做事甚至思维方式都比别人慢，就像开篇我说自己像阿甘一样。身体弱，便整日与中药为伴；恋爱自卑，便刻意努力，让自己在其他方面有所提升；老师说我写作太烂，我就拼命地看书研究……笨鸟先飞，慢者先行，便是这些年一直在努力的事。

四

到了杂志社，感觉自己特别能折腾。

妈妈去世之后，虽有姐姐在照顾爸爸，但家庭的重任也特别大。杂志社的工作节奏也非常快，自己要想有所改观，就必须得拼命地多做一些东西。

新杂志创刊，我没日没夜地跟着主编一起加班，尽管团队的女生已经离开。我知道我不是想要在领导那里争取一个比其他人更好的形象，我在做着自己喜欢领域的事情，再就是我的生活容不得我太懈怠。

我开始拼命地写稿子、约稿子。没有任何人教我应该怎样做一个从无到有的杂志编辑，我自己开始去摸索，在网上发布各种征稿启事，加了很多各个领域的作者，去联系各个书店，在他们签售的时候争取采访知名作家的机会，在网上联络各种艺人明星的工作室、经纪人邮箱，开始和各出版公司的同行打交道。带着真心和那些人交流，有的人我们一起见面，一起吃饭，一起聊天……

杂志需要写稿的环节，我拼命地争取自己写稿的机会。

第一年下来，年终总结时，我便交出了一份满意的答卷。考过了出版编辑资格证，编辑的文字也被知名杂志转载，拥有一大帮记者、大学老师、撰稿人作者为我写稿，同时从书店方面也获得了一些作家的联系方式，并和一些作家有了稳定的联系。

记得妈妈在世时，曾为我去算过一次命。说我27岁之后会转运，从妈妈去世到我27岁这几年，我折腾了太多，虽然文字不算太好，可也在拼命地积累。在27岁的年终时，收到了两份出版合同，处女作终于要诞生了。

主编说我文字写得不够活泼，那我就拼命地研究活泼的文风。每次遇到问题的时候，我总能以打鸡血的状态去找到应对的策略。而这一切，不得不说，都源于内心深处自卑、懦弱的心理。尽管外表表现得若无其事，真正了解我的人，或许会知道我有太多的不足之处，我总会把那些不足之处放到最大，然后做好最坏的打算，以各种策略去应对。

所有的负面问题最终都转化成一种积极的状态。

我知道自己的文字还有很多不足之处，甚至也怀疑过这些文字会不会真的有人愿意去阅读，觉得我写的小说太刻板，写的短文太生硬，可我还是愿意去写。

五

大学的时候，曾经有不太相熟的朋友拐弯抹角地通过他人向我转达了一个意思，就是我给人感觉特别冷，不太好相处。我没有告诉他们，那其实多多少少都源自于我内心深处的自卑。不是我不好相处，是我总在思考可能发生的最坏情况，然后找到最好的应对措施。那种思索的状态，看起来好像是有些冷冷的，就像我在写这篇稿子的时候窗外的寒冬一样，保暖内衣都抵御不住。

每个人都有自己的阴暗面，都会遇到很多不顺心的事情，庆幸的是，我知道我不想沉浸在负面情绪里、沉浸在悲伤里、沉浸在自卑的状态里，所以我希望以一个更温暖的姿态去应对那些负能量，好像莫名其妙地就转化成了正能量。

高中时候，特别喜欢一首歌，信乐团的《海阔天空》。那时候信还没有离开乐团。那首歌里有句歌词是这样的：海阔天空在勇敢以后，要拿执着将命运的锁打破，冷漠的人，谢谢你们曾经看轻我，让我不低头更精采的活。不得不承认，或许这世界上真有那么多"冷漠的人"看轻我们，可我得承认那个"冷漠的人"其实就是自己的负面情绪。

我们每个人都有阴暗面，沉浸在阴暗里面，你就永远在阴暗里，透露出一股倒霉蛋的气息，处处不顺，永远觉得自己与"迎娶白富美，出任总经理，走上人生巅峰"没有关系。但如果你心里的那个"冷漠的人"，能够给自己前行的动力未尝不好。

一个人过得好不好，不是别人怎么说，在你心里比谁都明白。

一件事情值不值得做，也不是别人看起来那样，而是取决于你自己。托妈妈的那句话，27 岁后我会转运，正值二十多岁，我想人生还有很多值得折腾的地方，你不折腾永远不知道你还可以过成什么样，只是单纯地羡慕别人的人生，你永远过不成自己想要的样子。

二十多岁，正是给人生做加法的时候。也许豆瓣上、电视上、电台里，时不时都在给你传递慢生活的理念，我觉得那可能是几十年后养老式的生活，它不属于二十多岁正该奋斗的我们。

选择了某种生活，我们就该为它奋斗。做一件事，就要把它做好。不是说你真的那么时运不济，不是说别人觉得你不行你就觉得自己不行，关键是你内心怎么看待你自己。从某种程度上说，我觉得自己的青春真的很糟糕，身体差、自卑、写作烂、压力大，而且妈妈还离世了。这够倒霉了吧，但最近几年，我也看到了还有很多更好的人生等待着我去创造。那些负面情绪，不过是一点一点给自己前进的时候累加的动力。这个世界本来就不公平，有的事情，有些人穷其一生都难以实现，有的人却轻易得到。关于未来值得你去赌，正像那句歌词唱的"我拿青春赌明天"，年轻，输了大不了从头再来。

　　一个人过得好不好，不是别人怎么说，在你心里比谁都明白。

　　一件事情值不值得做，也不是别人看起来那样，而是取决于你自己。

世界会向那些有目标和远见的人让路

—

人有时候就是为了那口不甘心的心气，而变得特别能折腾，甚至超出了我们能力极限。当然，未必事事都是你努力了，就能取得好成绩，那样的青春太像"鸡汤故事"了。不那么完美的青春才叫青春，但努力前进的青春才是无悔的青春。

前些时间，采访了80后作家笛安。她是个特会卖萌的女孩。

作为中国著名作家李锐的女儿，又是郭敬明团队旗下的重要成员，自然有着莫大的光环。但她却给我讲了一个特别让人惊讶，甚至惊悚的故事。小时候，她特别自卑，身为作家的父母每天都在打击她，她刚开始也就是安心地做个 Nobody，反正都觉得自己一事无成。可她被丢在法国，一待就是八年，没有中文的语境，没有亲近的朋友可以聊天，她从被父母认为没有写作天赋，开始写东西给自己看。一直写到今天，成为知名的 80 后作家之一。

那种自我表达欲望和不服气，让她找到了写作的快感。她爱看书，看萨特的剧本，看托尼·莫里森、看卡波特的时候都觉得，天哪！他们能把故事写成这样，语言简直真是绝了，心里默默地对自己也有了要求。不管能不能做到像托尼·莫里森、卡波特那样，她始终对写作事业有着那样的要求。

她说："人总要有一个模板，对自己有所要求，你才能真正的进步。"曾经有一段时间里，我也是那样在拼命地要求着自己，一步一步地向前走，未必迎接待了光明，但回头看看，一切的努力都是值得的。也许有时候我们都会垂头丧气，觉得自己努力了也看不到成果，索性放轻松，撇开急躁，朝着目标走就好了。你一定听过那首神曲《我的滑板鞋》，虽然土气的口音和歌词很搞笑，但里面有句歌词却特有意思，堪称正能量：时间，时间，会给我答案。

现在的生活，我和你一样，时常觉着枯燥，也坐在电脑前刷微博看有的没的网页，任凭时间一点点儿溜走，周间到周末，周末再到周间，像行尸走肉一样，总是不想做正事儿。可当我哪怕只是片刻安宁下来，总会觉得不能这样下去，然后会拿出书或者打开电脑，看点儿东西、写点儿东西。

二

成长给了我更清晰的认识，给了十七八岁的我一个目标，你喜欢影视，喜欢写作，喜欢新闻记者，那去中国传媒大学吧。高中三年下来，从来没敢给任何人说起那卑微而伟大的梦想，心里面却较劲地呵护着那种想法。

一直都不是聪明人，在一所重点中学重点班里，面对着大量比你优秀的人，你除了耗费比别人更多的时间，没有任何好办法。

每次月考成绩下来，文科班的排名，我都特别期待地在那张表格里找到自己的名字。高三那年，做了个表格，把每次月考的成绩都填进去，直到高考前夕都觉得，距离梦想不是那么遥远了，只要再努力一把，梦想一定会实现。

最好的一次，考到了班级第七名，年级十多名，像**草根**逆袭一样，被老师拉到了讲台上给同学们分享我过去一个月的学习经验。站在讲台上，我有点儿局促，一紧张就抓着后脑勺，然后傻傻地笑了。"嘿嘿，我也不知道我是怎么复习的，就是每天都消耗大量的时间在自己不擅长的科目和题目上。"到后来还说了什么，我已经不清楚。紧接着第二个月的月考，成绩下滑到正常的水平，班主任老吴拉去教室外面谈了整整一个小时的话。

一节晚自习，老吴坐在他的藤编椅子里，我站在他面前，低着头。他说着各种大道理，我心里面也很不甘心，觉得自己也想考得更好，想去中国传媒大学。那是一个小小县城里，来自乡下男孩最伟大的梦想。

高考成绩下来，显然我没能如愿。但还是朝着梦想的方向在前进。不能去好的学校，在一个差些的学校，也一定要朝着自己期望的方向前进。要做个传媒人，做个记者，或许业余时间还可以做一个作家。

这目标一直导引着我前行的方向。

三

大学认识了我现在公司的老总，他在我所读的大学任教，教我们现代诗歌研究。

好多年的时间里，我都热爱着那"华而不实"但就是喜欢的诗歌，后来，写的一组略带愤青意味的诗歌得到了老师的认可。他在班上匿名朗读了我的诗歌。最后，那个期末考试老师给了我100分。那是大学四年里，我唯一一门得到满分的课程。

人和人的感情都是相互的，老师对我的赞赏，也转换成我对他的敬佩。

他是杂志社的老总，我又渴望着那样一条路。

偶然的杂志社要创办新刊，恰好那段时间我问了老师是否招人，便进去了。

我靠了近水楼台的优势，可却又是桀骜的少年，特别不希望别人觉得我是没有能力靠着关系才进到公司的人。在杂志社创办新刊的时候，每次都做得特别认真，九十多页的杂志，平均下来每个编辑负责二十多页，但我每个月都可以做出三十多页的栏目。

在所有人都只拘泥于自己的栏目时，我开始把视野伸展得更广，开始和各个书店和出版公司的朋友联系，希望能够扩展手里的资源，能够把一份单纯的工作做得更丰富一些。其实不过是在自己目标的下面，多了一份不希望被人看不起的决心。那份不甘心，本是想要证明给别人看，却不料把自己的路走得更坚实。

重庆的夏天总会给人火辣辣的感觉。

那日，公司在重庆北边，在南边家书店有个采访，我顶着烈日从北边走路到车站，乘坐公交，换乘轻轨三号线，再换乘轻轨二号线，再步行到书店做采访。炎热和空调的相互转换，感觉已经中暑了，可还是在坚持。走到书店，冷气袭脑而来，头晕的感觉告诉我，我生病了！

　　书店接待我的姑娘笑嘻嘻地指着我白衬衣上渍迹，说我汗水都干成了盐粒，可以刮下来炒菜了。采访完回到家里，写完稿子，终于还是撑不住了。第二天便去了医院。稿子也在第一时间里完成了。

　　那时，是想要证明自己的能力，想让更多人看到我不是一个靠着关系才获得一份职位的人。多年的目标，让我从一个乡下的孩子，特别努力的成为了一个媒体人。无数个大大小小的目标，把自己从一个可能一辈子都追随着父母的脚步，面朝黄土背朝天的农民，成为了一个桀骜地和生命抗争的人。

　　其实，我从来都不知道进入杂志社和认识老总的事情是否被人知晓，但就是要给自己树立一些目标和敌人，让自己走得更坚决。梦想才是路标，而导师是我梦想路口最好的引路人。

　　一直想要用能力给任何可能或者不可能的人一个交代。交代到最后，不过是自己心里的那一份执着。有梦想，便能前行。梦想是个很大很大的概念，只有你把它化作无数个小小的目标，一步步去走，一步步去实现，或许在别人看来无望的或者迷茫的人生，会为你让出一条清晰的路。

　　一直不觉得自己是个成功的人，但相比种地，或许我更适合走在传媒人的道路上。目标和远见就像是黑夜里茫茫大海上给航船指引方向的灯塔，它也指引着我们，今日的努力或许明日不能看到答案，但我想，总有一天我会感激今天的自己，能够如此拼命地向前走。

不那么完美的青春才叫青春，

但努力前进的青春才是无悔的青春。

一步一步地向前走，未必迎接到了光明，
但回头看看，一切努力都是值得的。

不怕路长，只怕心老

一

从凯里回重庆的火车上，对面床铺上的一个男人，皮肤黝黑，在我找不到丢垃圾的袋子时，他顺手便递过来一个袋子。

就这样我们算相识了。

他看起来，约莫是有三十多岁的样子。整个人特别精神，提了个简单的行李箱。火车上的售货员经过时，他买了一小瓶白酒。拧开便喝了起来。

他笑着说，这坏习惯是小时候养成的。

火车是个特别适合讲故事的地方。这也是我每次对火车这种坐起来很不舒服的交通工具唯一值得期待的地方了。在那里，你会遇到各种各样的人。有文艺青年说，坐火车可以看沿途慢慢向后飘去的风景，我真想跟你说，窗外的风景可真没啥可看的。

男人姑且叫他 G 吧。

G 喝了点儿酒说："你觉得我年纪有多大？"我看了看说："三十来岁吧。"他笑了笑，摇头。"二十九岁，还不到三十。"原来他比我大不了几岁。

说来他还有些自豪的样子。G 说他以前完全不是这样，就像你在网上看到的那些非主流少年一样，不过没那么夸张，但精神状态差不多，特别颓废，完全不像个 85 后的样子。

他突然说："你有没有观察过老人？"

问得我莫名其妙。

他继续说话，也仿佛没有要等我回答的意思。他说之前某次回去和爷爷聊天，以前是从来不会陪着老爷子聊天的，这两年算是真的懂事儿了。他就闻着爷爷身上散发出一种缓慢的气息，一种奇怪的味道，不管怎么洗澡都是有一种类似死亡的味道。爷爷眼睛里特别浑浊，常常看着一个东西就呆呆地注视着，思绪不知道飘忽到哪里去了。

他说曾经好一段时间的他也是那个样子。

二

G 高中都没有念完就辍学了，整一个混混的样子，书是怎么也念不下去了。

整天都在和同学或者社会上的人一起打打闹闹，活像一个流氓。他觉得在小小的县城里，混出点儿名堂之后，大概一辈子也就那样生活下去了。对于未来，对于人生这样的问题，他从来没有想过，更别提，跑到上海那样的大城市，和一些比自己更高端的人做生意。

没有读书的他，几乎整天都在街上晃荡，一副典型的城乡接合部少年，就像你常常可以看到的那些骑着摩托车，车载音响里放着很大声的凤凰传奇的歌那种少年。每天没事儿不在家里待着，就去街上晃悠，也不知道晃悠个什么劲儿。

那时，G经常叫上一些狐朋狗友在外面吃饭，也就是那时养成了喝白酒的习惯。酒量好，好像就显得特别威风霸气。

父母看不下去，就给他安排一门亲事。都说男孩结婚了，就开始懂事了，有种家的意识了。可最后的结果却是，G经常因为这样那样的事情，和老婆吵架。孩子出生之后，更是整天为着鸡毛蒜皮的事情争吵，比如谁工作挣钱养家，比如谁带孩子，谁做家务。他烦死了那样细碎的争吵。

可怜的孩子一两岁便成了他的出气筒，每次和老婆吵架之后，他就找孩子撒气。打得孩子直哭，孩子哭起来他就更烦躁，烦躁起来打得就更厉害。

没多久老婆就和他离婚了。儿子也跟了妈妈。

说起这段往事的时候，G 的语气里都有着一种歉意。可很快也就云淡风轻地带过了，不愿意更多地提及那段往事。

接着好一段时间，G 过着那种没有未来的生活。整天就像是一个老人，丝毫不知道接下来的生活要怎么过，好像每天都是一样的，无非是和几个朋友今天去茶馆打麻将，明天就去某个朋友家里面吃吃饭、喝喝酒，再就是跑去游戏厅玩玩游戏。

他不知道自己的生活到底要过成什么样，也不敢去想，每次想起来就特别烦躁，又不知道怎么来处理那样烦躁的心情。

三

有次，他突然觉得应该去外面闯荡一下。

他拿了一千多块钱，买了火车票，就去了西藏。没有跟那些狐朋狗友道别，也没有和父母说自己去哪里了，就说要去外面闯荡一下。当他和父母说要去外面闯荡的时候，他确实不知道自己拿着那张西藏的火车票可以干出点儿什么。

临走那天他想去学校看看儿子，等着他放学。他看到前妻在学校外面等儿子，踌躇着要不要上前去招呼，说自己准备去西藏，忍了半天，只是在旁边抽烟，最后也没敢出去。儿子放学出来时，他在路边站着，他确定儿子看到了他，可儿子只是在远处看着，眼睛都没有特别在他身上停留，便转向了妈妈，然后母子俩拉着手走了。他们走了之后，他还在那个街角站了很久，活脱脱像个踩点的绑架犯。

第二天他走了，终究还是没有给前妻和儿子道别。他感觉儿子并不想见到他。那么小，看到他就学会了装作冷漠，装作不认识。他想了想，觉得特别难过。

到了拉萨，他找了家特别便宜的招待所住下，然后想先找个地方打工吧。毕竟他不是那种文艺青年来这边玩的，他想的是找份工作之后，自己就正式的租个房子。

拉萨有很多汉族人在这做生意。他刚来，什么都没有，开始在一家汉人餐馆帮忙。来到外面之后，发现整个环境以及周围所有的人都变了，说话方言、生活习惯等，都和自己生活的小城不一样。在他原来的生活圈子之外，好像还有不一样的世界。

没有朋友，他找来一些小说，打发时间。刚开始那段时间，在餐馆打工，拿着微薄的收入，根本不够他生活开支以及交房租。生活艰难，带来的钱很快就没了。日子过得非常艰苦，真是有种吃了上顿没下顿的感觉，幸好餐馆包吃，不然他可能早喝西北风去了。

后来他认识了军区的一些士兵和小军官，偶尔还有机会一起吃吃饭，聊聊天。这些军人周末或者休假的时候，都会到拉萨城里玩。有个士兵还好心借给了他几百块钱，让他度过那段艰难的时光。

西藏当地人不吃鱼，但 G 和这些汉族士兵，不忌讳那么多。士兵们平时训练特别辛苦，对肉有着莫大的渴望。他们就到城边的河里捞鱼吃。G 说，西藏人不吃鱼，好像是和当地有水葬的习俗有关，他们才不管那些。吃的时候什么都别想，就什么都没有。

交往久了，那些士兵也都成了 G 的好朋友。后来因为士兵的关系，知道军队也会对外不定期地采购一些生活用品。小军官就给 G 介绍了一些生意人，也算是帮助他挺过生活的难关。渐渐地，他开始跟着那些生意人一起跑点儿货，大多是直接对口军队的，富余的部分就直接到拉萨城里卖。

生活也就这样开始稍微好转起来。

G 再也不用禁受饥饿和恐慌。G 说，有段时间，他还特别畸形地喜欢上那种有上顿没下顿的饥饿和恐慌的感觉，以前做混混的时候，从来没有那种恐慌感，也从来不懂得什么是生活。饥饿和恐慌反而能让他感觉到生活最真实的样子。你要挣扎，你才能变得更好。

G 说回忆起在西藏的那段生活，觉得特别开心。那是他过去二十多年里从来没有感受过的开心。从一种无望，整天只知道打孩子；到孩子不愿意见到自己；从吃了上顿没下顿，到收入有了点儿盈余；到自己开始觉得偶尔看看小说；到闲暇也会跑到拉萨周边的山上去坐坐；到和一些军人朋友相识，到开始做点儿小生意。他觉得好像逃离了原来固有的、无望的圈子状态，到外面的世界走走，反而找到了自己。

他说，士兵在尼泊尔边境驻防的时候，还带着他到中尼自由贸易区那边玩，吃尼泊尔的东西。大家都知道尼泊尔这个国家美丽幸福，但也特别穷困，当地人觉得他这种身上能随便掏出个几千块钱人民币的人简直就是大款。

四

之前在网上看到个段子：

"当你不试着背着包去旅行，不去酒吧喝得烂醉打一场像个男人一般的架，不去谈一场不疯魔不成活的恋爱，不过过那些你梦想却不敢尝试的生活，整天挂着QQ，刷着微博，逛着淘宝，干着80岁老奶奶都能做的事。你要青春有什么用？青春就是这样，不听劝，瞎折腾，享过福，吃过苦，玩过票，碰过壁，使劲折腾……折腾累了，才发现自己转了一个大圈儿，却又回到了原地。可是，却从不后悔，也并不埋怨，因为不转这个圈儿，我们可能永远都不知道'原地'在哪里……"

这段话特别适合火车上碰到的陌生人——G。

他趁着酒意讲了一段过去自己颓废、出走、觉醒的故事。我想当他今天讲起过去的时候，应该是带着得意的。在诉说的时候，是一种解脱之后的快乐，也是对过去自我的救赎。

G问我有没有观察过老人。其实我观察过。年迈的爸爸，就和他说的那样别无二致。眼睛里浑浊呆滞，看着一样东西可以发呆很久，一坐可能就是半天。这样的表情我在城市里，也看到过很多。每天在地铁上，不经意间就能和一副这样的面孔擦肩而过或者四目相对。你能感受得出来，身边有很多这样的人，或者那个人就在你的镜子里面。

G在西藏待了几年，认识了一些做生意的人。他很庆幸当初莫名其妙地出走；很感谢儿子远远地看到他，就像没有看到一样，哪怕是一秒都不愿意停留；很感谢他在拉萨一个不熟悉环境里，饥饿和恐慌每天都逼迫着他……正是这一切让他开始试着改变，改掉过去那种没有未来，浑浑噩噩度日的生活状态。

　　G 说，他在十几岁到二十一二岁的那段时间，就和七八十岁的样子别无二致，就像他爷爷眼里的世界，没有任何波澜，也丝毫不值得期待。青春对他来说就是老态龙钟。可最终他觉醒过来了。未来的路还很长，他已经浪费了最宝贵的那几年，后面的路需走得更努力才行。路很长，时间却匆匆。

　　我从凯里回重庆，凯里是途经站。他从上海回重庆，途径重庆然后辗转去成都。他是个成都人。他说因为在西藏那几年，认识了一些做生意的人，开始做着一些倒货的生意，顺便也做物流，买了几辆货车，请了几个人帮他从舟山运一些海货。这几年生意还不错。但他一直都特别节约，大概也是在西藏那段时间养成的习惯。少年时代养成的喝白酒习惯，倒是让他在生意场上派上了用处。

　　G 一脸黑黑的样子，大概是奔波带来的沉淀，让他看起来像是饱经沧桑的模样。但是他特别精神，丝毫看不出他那段每天过着混混般的日子，吃吃喝喝玩玩、打打游戏、度日如年的浑噩往事。他现在的样子，比我大那么两三岁，经历却像是远远超过那两三岁，也有着一种更阳光的精神面貌。

　　他还跟我开起了玩笑。说他虽然是成都人，却非常喜欢重庆人的耿直。他说，成都人招待客人的时候，常常都是，男人在外面陪着客人喝酒，抓一把花生米，吆喝得特别大声说："婆娘，炒个下酒菜出来啊！"

　　女人炒盘回锅肉出来，然后再也没有下文。只有一盘菜，谁都不好意思下筷子。菜凉了。男人又喊："婆娘，你看你这菜都冷了，炒个肉丝出来下酒啊。"于是女人出来，把回锅肉端回后厨，把肉挑出来切成肉丝回锅炒了再端出来……还是一个菜。

　　我心想，作为成都人，你这样黑成都人，真的好吗？但回应的却是，哈哈。

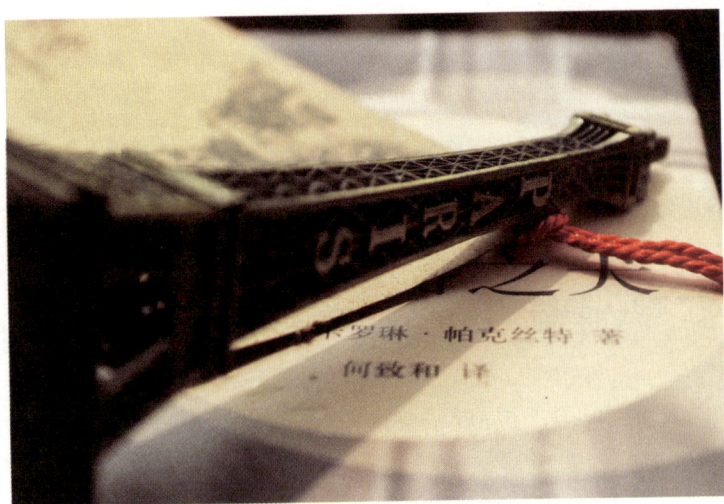

你要挣扎，你才能变得更好。

那些未知的路途，值得你去尝试

前些时间，在网上看到一则新闻。南京的小伙子，突然裸辞从南京徒步去拉萨，25岁，和我们年纪相仿，看惯了网络上的句子"再不疯狂就老了"。多年前他因为电视剧《一米阳光》喜欢上丽江，后来又看了热播的《北京青年》，喜欢上了背包客的生活。

他和我们一样，过着平淡的生活，每天朝九晚五，日复一日机械地工作，永远没有尽头。他裸辞惊讶了老板，也让父母一度反对，让他工作稳定了之后再去。他觉得再晚就出不去了，可能一辈子都会困在南京。在这次上路之前，他只因一次出差去过外地，从小到大都没有去过更多的地方，生活总是在一个小圈子里。

他辞职上路之前，也想过万一遇到坏人怎么办？万一迷路了怎么办？他不是体育健将，也只是大学才开始爱上打球，在那之前的生活都奉献给了没完没了的学习。担心了这么多，他还是背着背包上路了。

几十斤重的行李，比他预想的要沉重，没走多久，全身就湿透了。酷热、潮湿、闷热，天气的随时变换也让行程变得艰难。脚和肩膀都像是要和他对抗，酸胀得不像是自己的手脚。没走多久，出发时的信心满满就遭到了打击，预计五小时走完三十千米，最后足足走了七八个小时。

我们一直都向往远方，像这个男孩一样，对《身体和心灵总有一个要在路上》这样的书籍，电视剧《一米阳光》和《北京青年》等影视剧或者媒体上宣扬的生活充满向往。我们总是厌倦自己所在的城市，渴望远方，渴望未知的世界。当他真正走出这个圈子之后，一切开始变得不一样了。

他没有去《一米阳光》里的丽江，而是去了拉萨。那同样是一个被文艺渲染得神化的地方。

这段经历还算励志。他没有走到半途便折身回去，走了154天终于到达拉萨。这154天的生活对他来说，最艰难的是吃和住，常常行走在无人区的时候，手机没有信号，只能在山上找一些不知名的野果子果腹。天黑了，常常不知道自己要住在哪里。

一路上，他也遇到了很多好心人的帮助，或许也是对他敢于上路的回应吧。前前后后一趟行程他在路上耗费了170多天，花掉了4000多元，也算顺利地抵达了拉萨。新闻里没有说他在拉萨看到了什么、他又在此行的目的地体验了什么，更多的都是在渲染一路上的艰辛。

回来之后，他重归生活，找了一份工作，苦难也让他改变了不少。他开始以一种积极的态度去面对自己接下来的生活。显然说到这里我不是要激励你也辞掉工作，上路奔赴一个人的旅程。新闻里没有说拉萨的事儿，但我在去过拉萨的朋友那里知道了被新闻略掉的部分。

没去过那里的人，对西藏、对拉萨充满了浪漫的想象和虔诚的描绘，因为那是远方，那是我们不熟悉而又神秘的世界，那里充满了自己生活以外完全不同的未知性。但随着火车一步步临近，或者走出机场的那一刻，所有的感觉都变了，变得不像你想象的那样美好。

而之前的种种，也不过是我们想象中的样子。到了曾经未知向往的地方，见到了不是想象中的风景，多多少少都会有那么一种失望，但只有走过之后，我们才会认清楚所追求的东西到底是一个怎样的存在。我们所追求的不过是一个个的虚妄。最后那个南京的小伙子回归了现实生活。一路的苦难改变了他，这是那趟未知旅程带给他的生活改变，那是不是一条属于自己可以耗费一生的路，走过之后才知道，兜兜转转我们又回到了起点。

同样，还看到另外一个人的故事。

豆瓣上一个热爱艺术的文艺青年。学艺术出身，放弃了国外艺术巡展的机会，选择了回国研究小众的皮影戏。身边的朋友们都苦口婆心地劝他："算了吧，这玩意儿没啥出息。你看皮影戏都没落成啥样儿了！"

文艺青年觉得，这个论调五年前媒体上就这样说了，现在还是这样说。说啥皮影在逝去，老艺术家生活举步维艰，年轻人对这玩意儿不感兴趣。他觉得这门传统的艺术没有死，反而会有一条新的出路。

他没有辞职去做皮影，先从微信公众号开始做，然后策划做皮影童书。经过一番调研之后，他转变了思路，把那些深埋深山里的皮影戏，搬到大城市里，把难懂的方言变得有趣，把悠长的故事缩短，加之以推广，皮影戏还真被他做活了。

朋友问他："皮影的灵魂是什么？"他觉得这个问题太装，

想了想之后回答说："皮影的灵魂在戏里。"他便是把这皮影用戏的方式来给大家讲故事。后来又请来了各地的皮影艺术家，来大都市做表演，还做出了迷你皮影艺术节，还用众筹的新潮方式来为艺术节募资。一来二去，做出了些名堂，他做的微信公众号也成了国内最大的皮影戏公众号。

皮影戏是什么？很多时候，在我们看来只是一种传统艺术，仅仅停留在电视上碎片化的印象里。你不知道深扎进去之后，会是什么在等待着你。

有学者知道他在做这玩意儿，便找到他语重心长地说："你做这事儿太难了。皮影戏的衰落几乎是无人能够挽回的。太小众，与日常生活没啥关系。"

在低落的时候，或者孤独的时候，他也几乎也要相信这种说法。但接触了很多皮影艺人之后，发现现在有很多国外的艺术团体也在联系他们，甚至还遇见南非的姑娘也在做皮影戏，中国的国粹外国人都在热爱，让他有种相见恨晚的感觉。

文艺青年说他慢慢地想通了，那些怀疑和否定的人并不是让事情发生的人。"如果选择做一件还属于未来的事，就必须要坦然地，接受这些疑问，然后做下去，成为那个让它发生的人。皮影戏在欧洲国家是很常用的戏剧形式，在印度还有剧团将影戏作为一种工具，做戏剧治疗或是对抗社会问题，台湾也早就尝试用影戏辅助教学……所以在这里，它并不是没有可能性，只是还未发生。不管世界已经告诉你什么，未发生的总值得一试。"

想想，其实不管是裸辞的南京小伙，还是一头扎进皮影戏里的文艺青年，都是面对一个来自内心深处的激发点，催使你去前行。对于未来，你有太多的渴望，你向往远方，向往那个触动你内心不安的点，那么你就去做。做完之后，你才知道，那条未知的路是不是真的属于自己、适合自己。走不下去，那么你就像南京小伙，体验了一路行程之后，终有成长，然后回归现实生活；走得下去或者还有走下去的动力，那么你就像皮影青年一样，扎身其中之后，为这条未知的路找寻出口。

买鞋的时候，导购员常常会给你推荐很多，但是不是真的适合，只有试了才知道，这条路是否通向自己期望的地方，试过鞋之后你的脚自然会知道。

只有你知道你想去哪里，你才能到达那里

一

那是我面试最爽快的一次。有种血脉喷张，全身心的毛孔都舒张的舒适感。

大学临近毕业，同学们准备考研的复习考研，大清早当你还在睡梦中的时候，他们就已经悄然出发，蹲守在图书馆门口，比春节时倒票的黄牛还敬业；找工作的找工作，拿着简历出入在各

个招聘会现场，期望能够广撒网，多捞鱼。

那时我却像个闲云野鹤，觉得船到桥头自然直，不考研，毕业之后工作，慢慢来都行。当时我已经放弃了曾经梦想要去《南方周末》等新闻周刊工作的奢望。

一直觉得文字变得浮躁之后，真正用心写作就成为一个渐渐失传的手艺人。大学时我也是一个特别能折腾的人，写新闻、写小说、写诗歌，去腾讯网重庆站做实习记者，参加新华网重庆频道的采访活动，去重庆都市广播实习，参加学校的创新课题设计，还受图书馆邀请给学生做阅读讲座……因为喜欢，就特别能折腾，觉得这些都是朝着梦想前进的底色。

心里一直没有放弃过写作，虽然曾经的梦想有过变化，最早想要当作家，后来又想做个新闻人，可临近大学毕业的时候，梦想变得不那么具体了，有种被人才市场浩浩荡荡的人群带来的湮灭和荒芜感。

所谓船到桥头自然直，想想不过是一种恐慌之下的自我安慰。其实那时候我也怕，一方面是走出校园要承担起家庭和自己生活所带来的经济压力，那些往大了说叫一个人的社会责任，往小了说我得生活下去，不能再给家里增加负担，用一份工作换一份收入养活自己。只是，期望的是所做的工作是自己梦想的方向。但梦想在哪里呢？梦想的工作又在哪里呢？

临近毕业的那个春夏，天气特别好。借了很多参考文献，在学校的草坪上翻啊翻，熬啊熬，毕业论文要求八千字以上，最终我写到了两万字，在指导老师的要求下删到了一万两千字，第一个上台答辩并获得了小组的最高分。不过这都是后话。

在我写论文的那段时间里，听校园社团的指导老师介绍，一个师兄也是社团的前辈在重庆开设第二家公司，准备高薪招聘一些优秀的人才。老师推荐我去看看。

二

关于师兄的经历也颇有些传奇。

师兄本也是平平凡凡的学生，热爱写作，进入校园之后入了学校的记者团。大概是十多年前的大学生会普遍比现在的孩子拼命吧。

他不甘愿以平平凡凡的身份从乡下来到城市，从一个平平凡凡的大学毕业之后从事着一个平平凡凡的工作，自始至终没有一点儿涟漪。

他拼命地写作，在校园的记者团积累写作的经验，并研究各种一流媒体的写作方式。那些新闻都已经不是新闻了，写得像一个故事，篇幅更长，细节更多，动情之处也更能触动人心，比起那些干瘪的八股文式新闻好上太多。

毕业之后，他到重庆本地的都市报里工作。一个普通的大学，在全国没有半点儿名气，想进入一流的媒体太难，但他不想放弃。从本地的都市报开始，他写了很多新闻，抓住每个有意思的点，终于他在媒体的圈子里，积累的经验和认识的一些同行，共同促成了一个机会摆在他面前——《21世纪经济报道》在招聘记者。他去了，并且在那里做得很好。

对一个普通二本学校的学生来说，这是太难得的机会了。

或许只有走到了自己期望的位置，才能以更高的姿态看待周围的世界，路也才能越走越宽。在《21世纪经济报道》待了几年后，他决定回到自己的出发点创业，做起了没有专业学习过的电视流媒体。

现在大家越发地觉得我们不需要心灵鸡汤，可我们却又那么渴望正能量。我们在看到别人能做到的时候，才会开始想自己是不是也能做到，为什么别人可以，自己不行。在犹豫中找到一丝前行的动力。师兄的故事，在我们这些后来的学弟学妹眼里可谓传奇，从来没有见过这样一位传奇的人物。

他创业之后，公司业务发展迅速。很快拿到风投。那些所谓的文化传播公司多如牛毛，他的公司很快就开始为电视台制作节目，业务越来越大。他一直知道自己想要什么。所以，他能从别人觉得永远不可能的起点到了《21世纪经济报道》，也能在一个制高点重新出发，回到零的起点，创业做流媒体。

很快他的第二家公司即将启程。他是个有梦想的男孩，哪怕多年之后早已过了被当作人生转折的而立之年，他仍然保持着最初的那份热血。他的公司也首先面向自己的母校，为学弟学妹提供实践基地，因为他的梦想的起点就从那里出发。

三

第一次见到传奇学长的时候，觉得他特别瘦，坐在角落一间被隔出来的办公室里抽烟，阳光照在他脸上，有种苍白的光芒。他一直在抽烟，好像在思考着什么。

那时候已经临近毕业，本来以为可以逍遥自在，论文却进入了最紧张的阶段。正在把两万字的论文删节到一万两千字，还需要补充一些参考文献，因为自己做的课题比较新，参考文献也不是特别充分，需要看大量的书，在里面梳理出一些有用的信息。

我坐到他侧面的一张沙发上。

他开口的第一句话是："我昨晚很晚才睡，凌晨三四点吧，我把能找到的关于你的资料都看了一遍。我很需要你这样的人。"

他一开口便把我给惊吓着了。然后他开始悉数我在学校里做过的一些事情，那些事情对于一个面临毕业踟蹰不知梦在何处的少年来说，就像一股暖流在心里流过。他说我做的那些事情，意味着我具备着什么或者渴望着什么。他说了关于我以前做过的很多事，每件事背后似乎都隐藏着很多的东西，他把这个素未谋面的学弟看透了。

我们常常觉得自己孤独，当一个初见的人知道你的所有底细，他就好像是一个陌生的知交好友。可温暖过后，他对我的了解也有那么一点儿让我恐惧，他是从哪里找到那么多关于我的信息。

后来他和我聊他新公司的计划。他的第二家公司主要做广告方面的业务。他和我说关于公司的发展计划，说他新公司拿到多少投资，还说他们现在新公司刚成立，需要很多像我一样有想法能做事儿的人。他和我聊起我的职业规划，希望我在公司里做一个怎样的职位，以后跟着他一起去谈生意、做更多的事。最多的还是聊起他的梦想的起点，学校的报社记者团，那是我和这个第一次见面的学长有共同关联的地方。

他说给我开 3500 元的工资。在普通的大学，普通的毕业生走出校门普遍工资为 2200 元到 2500 元的环境和氛围里，他给了我一个像我们初见时他对我了解程度那样的惊讶。这工资无疑对我来说太诱人了。

那天下午我们聊了很多。越聊，我越知道这个学长是一个怎样的人，他有着自己的野心，但他却是能把那种野心变为现实的人。他很强烈地知道自己想要什么，要成为怎样的人。三十多岁，兼任着两个公司的老总，他每天要忙到很晚。所有的努力都不过是为撑起他内心深处那一点点儿力量，让他有足够的资本来和一个不相熟的学弟说起他的野心。

越想，越发地觉得，他也许经过凌晨熬夜到三四点，评估了我能够给他带来什么，做出了这么一个决定，开出了那么高的工资。而我呢？他知道他想去哪里，他从普通的高校里普通的学生走到了《21世纪经济报道》，还从那个平台把路走得更宽、更广。而我要去哪里呢？

毕业前夕的那种惶恐，身份的转变，社会人对工作和理想的认知，一度在我逍遥自在地写那篇洋洋洒洒的毕业论文的夜里给过我突如其来的无助，心里面空空荡荡，不知道接下来要做什么。一直觉得自己比同龄的那些朋友、大学同学都更努力，更能折腾，可面对真正的身份转变时，面对学长给我开出的高工资时，我有点儿犹豫。我不知道我在犹豫什么。

一聊，我们就聊了一下午。直到傍晚斜阳的温度已经少了许多。我说我还在写论文，可能不能那么快过去上班。他说没事，让我把论文带过来，他给我提供电脑让我在那里一边写论文，一边观摩他们的工作流程和进度，他给我时间到我毕业，慢慢熟悉我要做的工作。他开出了无限诱惑的条件，越是美好我也就越是惶恐。

四

因为学长开出的条件，中间老师介绍我去的关系，我接下来好几天都沉浸在踟蹰里。

我想起了大学这几年自己折腾的东西，不过一个无知的理想主义青年，想得到很多理想主义的满足。

大学的时候，我曾经有一整天坐在寝室里写出了近两万字的中短篇小说。几十万字的短篇小说一直被压在电脑里，偶尔和要好的朋友分享，让朋友或者老师提提意见。文学老师让我们写篇文章交给他，我直接写了一个两万多字的小说给他。他在课堂上说，希望大家别交那么长的内容给他，那样他会累死的。

文学创作老师还在我的小说背后批注了修改意见，希望我能拿去《红岩》《山花》，甚至《收获》那样的杂志去投稿。可我没那个勇气。因为害怕，害怕自己全心全意经营的梦想，被别人一盆冷水给浇灭。

想了很久，觉得自己犹豫踟蹰的，不过是不能像学长那样放开去追逐，不能很清楚地在心里告诉自己，你就是想要这个，所以你必须得为你所想的东西去拼命。所有的问题，不过是我对自己内心深处的渴望并不能很肯定地去拼命追逐。我不清楚自己究竟想要什么！

想明白之后，想打电话给学长表示感谢和拒绝，我想要的不是做一个广告人，也许以后我可以做得很出色，成为一个优秀的广告策划人。可我从初中开始一直追求的就是那种有点儿理想主义色彩的文字工作。后来我决定当面去向学长表示感激，然后婉言拒绝。如果我碍于学长和老师的关系接受，可能我接下来的人生轨迹将会发生完全不一样的转变。

后来，我去了一家网站做编辑。做网站编辑的工作，和我期望的工作差别很大，但我仍然坚持着，直到我找到一个更好的机会，离开了那里，成为了一个纸媒编辑。做杂志的工作和我曾经心心念念的理想，虽然不能完全重合，但却那么相似。我没有放弃我梦想的那份写文字的手艺。

我们常常不知道该怎么做决定，然后给自己安一个文艺的名字叫"选择困难症"。其实从来不是因为选择太多而让我们举步不前，而是我们不知道自己内心深处想要什么。只有当你清楚了你内心深处的渴望，并做出决定要为那个渴望努力的时候，你才会到达那个你梦想的地方。我曾经很羡慕那个在社团里被我们当作传奇的学长，今天我想也许也会有人很羡慕我，能够因为热爱写作而做着这份文字工作。其实你也一样，每一个知道自己想要什么并全力去实现它的人以及那种精神状态，都应该值得赞扬。

你内心想要什么，
就去为它拼命。

或许，我们没准备好和生活相爱相杀

因为做编辑，长期会和很多人打交道。某些素未谋面的作者，聊多了也就成了朋友。

Y 杂志的编辑给我介绍了个作者。姑娘是典型的 90 后，说话活泼，没节操时总能戳得人不知所措。初聊便像知己，她叫我"闺蜜"，问我多大。我说我是 80 后未婚大龄男青年。她才恍然，原来这个闺蜜是个"老男人"。我调侃地说："不是现在萌妹子都喜欢大叔吗，现在像我这样的老男人应该很吃香才对。"

她笑着说："你文艺片看多了吧。"

想想，我们多年来，抱着电脑看尽各种各样的人生，电影里的爱恨离别，关照到生活时却总是那么美好得不接地气。生活远远没有那么浪漫。可现实生活是，我们都愿意沉溺于那虚幻的梦境，躲在社交网络的背后独自啃噬孤独或者说被孤独啃噬。渴望爱情，却又不知道怎么拥抱爱情。

于是，渐渐地，我们爱上了自己。爱上了自己在社交网络上虚构出来的幻想，我们极力地在微博、微信里炫耀，去哪儿旅游、吃什么美食、看什么电影……背地里却和空荡荡的心里作斗争。初中时，喜欢的女孩扎着马尾，在阳光下笑起来特别好看。她的一颦一笑，都能撩动自己的心绪，现在的我们是怎么了？像是患上了一种爱情无能症。

身边的朋友陆陆续续都结婚了，在微博里时不时可以看到他们晒幸福。羡慕却又好似和自己无关，想想，这不是我的感觉，应该是你们、我们所有人的共同感受。

生活里的相爱相杀，都是在爱情的美好和

争吵里去还原一个更真实的爱情想象。

前不久买房去民政局办理单身证明的 M 说，他在民政局看到有趣的一幕。

一对头发花白的老头、老太太在办离婚手续。老头精神矍铄，老太太稍显颤巍，老头扶着老太太上楼梯。他们在离婚席一坐下来，就开始争吵。老太太细碎地说："我都把菜叶子和菜帮子分开给你切了，你还是和着一起炒。这日子可没法过了。你年轻时候都不这样。"

老太太牙不太好，菜帮子熟得慢，吃起来很不方便。老太太气不过，就要离婚。老太太一边数落，老头一边给她倒水。老头声音压得稍微低些地说："离婚了，也还要住一起。"

老太太："饭要分开吃。离婚了就算住一起，也是离了。饭要分开吃。"

老头："哎呀，烦！真烦！"

民政局的工作人员出来坐在老两口旁边协调，说："你们这都是离婚复婚多少次了，什么事情，好好商量商量就过了。"老两口结婚一辈子，到了生活晚年，岁月少了青春时的轰轰烈烈，没了为工作、为挣钱奔忙的时候，最后在这些细碎的生活缝隙里，找到争吵的理由，或许他们找的不是争吵的理由，而是生活的味道。

M 笑说，这是他见过年纪最大的"作女"。

我跟着笑，心想，活该你是去办理单身证明。老头、老太太的争吵和离婚，细细想来，真有那么几分意思。两个人，经历了人生最跌宕起伏的青春岁月，走到生活的末端，为这些琐事争吵，不过是为了在平淡的生活里掀起一点儿涟漪，连离婚都变得有爱起来。

在这个"世界上最遥远的距离不是生与死，而是我在你面前你却在玩手机"的时代，我们用自以为成熟，实际上孤独的心在说着，怎么会为着这样的小事争吵离婚。生活还有大把的事情需要去做，根本没有时间去想这些。可生活到了末端的时候，好像时间走得慢了，可以看到那些年轻时候被我们忽略掉的东西，老太太说老头年轻时候都不会把菜叶和菜帮子一起炒，老头会听老太太的话。可这时候老头又不爱老太太了吗？显然没有，也不是老年的时间变慢了，而是时间变得更快了，快得以至于转瞬就会走向最后的终点。谁也不会知道下一次是争吵，还是一个人对着桌子孤单的唠叨。

生活的两面总是融入在一张书页里。

现在爱情越来越轻，越来越浅，爱成了网络上我们看到的明星夫妻间相互爆料对方出轨、滥情，轻易地离婚。热烈地拥抱爱情的时候又急速降温。朋友笑话老头老太太为着琐事争吵，想来是多么地可以理解，可又是那么地让很多人费解。生活里的相爱相杀，都是在爱情的美好和争吵里去还原一个更真实的爱情想象。

我们要么唱着"越长大越孤单"，要么就是在爱情的高烧降温后无法承受冷却的模样。我们爱的是爱情，还是一次次摆脱孤独的那种温暖。或许是被繁忙的工作折腾得太多，我们总是像个受虐狂一样，在爱与孤独之间辗转，失去了爱情的能力。在爱情的初期，我们心疼着对方，热烈地拥抱亲吻，短暂的分开都如隔三秋，彻夜地聊电话发短信，微博、微信上晒着幸福。可爱情降温、生活的味道浮现出来时，我们曾经爱过的证明，那些微博微信上的温暖都像是一次次拷问。分别，然后孤单，我们成为渴望

爱情又恐惧爱情的大龄青年，总是羡慕着身边那些敢于拥抱爱情、拥抱生活、走近婚姻殿堂的人们。

　　不是他们更勇敢，是他们做好了和生活相爱相杀的准备，生活就是老头、老太太反复的争吵和离婚复婚，分开他们还是要住在一起，因为爱情早已成为了生活的底色。只是我们还没准备好面对华丽之下爱情朴素的模样。